JN093577

最初からそう教えてくれればいいのに!

Google Apps Script クローリング&スクレイピングのツボとコツがゼッタイにわかる本

五十嵐貴之／柴田織江／五十嵐大貴 ◉ 著

秀和システム

本書で作成するスクリプトについて

本書で作成するスクリプトについては、下記URLを参照してください。

誰でも閲覧できますが、編集はできませんので、コピーして使用してください。

https://script.google.com/home/projects/10r2a_odlzzG6zjtluqU-esjNBQcUUyth4qkx9KdeKj57P0ZQS1GpaRkS/edit

はじめに

旧約聖書に登場するバベルの塔の話をご存じでしょうか。

著者は、インターネット技術の進化について考える時、いつもバベルの塔の話を思い出します。

バベルの塔の物語は、旧約聖書の創世記に記述されています。

この物語によれば、人類は当時一つの言葉を共有し、地球上のどこにいても意思疎通ができる状態にありました。そして、人々は東の地にやってきて、平野で暮らすことを決めました。

ある時、人々は自分たちで「天に届くほど高い塔を建て、名を刻んで後世に残そう」と考えました。彼らはレンガを焼き、アスファルトで固め、それを接着剤にして、高さを競って塔を建設し始めました。

しかし、神は人々の計画を知って怒り狂い、彼らの言葉を混乱させ、互いに意思疎通ができなくしてしまいます。このため、彼らは互いに理解できなくなり、工事が中断されます。人々は東の地から散り散りになり、後に言葉が生まれ、多様化することになりました。

この物語は、人々が高い塔を建設することによって、自分たちの力を誇示しようとする傲慢さを示しているとされています。また、神が人々の計画を邪魔し、言葉を混乱させたことによって、人々が地球上に分散し、異なる言語や文化が生まれる契機となったと解釈されることがあります。

ところが現在、かつて神の怒りによって地球上に散った人々は、再びインターネットを通じて結集し、新たなるサイバー社会のバベルの塔を築き上げました。

人々は地域によって異なる言語を話すようになりましたが、人々が発明した高度な技術によって、様々な言語を翻訳し、意思疎通ができるようになりました。

バベルの塔の話からみた場合、毎日、インターネットを通じて様々な国の様々な情報を入手し、それらの国に住む人々とコミュニケーションを取る行為は、再び神の怒りを買う行為なのかも知れません。

このサイバー社会のバベルの塔であるインターネットから、如何に効率よく必要な情報を入手し、処理することができるようにすれば良いか、それが本書で取り扱うクローリング技術とスクレイピング技術です。

世界中に蜘蛛の糸のように張り巡らされたインターネット回線を、あなたが作成した

「スパイダー（蜘蛛）プログラム」（クローラー）が縦横無尽に駆け巡り、データを収集する姿を想像してみてください。とても素晴らしいと思いませんか。

本書では、Google社が開発したGAS（Google Apps Script）を使い、クローリングとスクレイピングを行うための方法と、サンプルプログラムを紹介しています。

GASは、インターネット環境さえあれば、手軽にプログラミングができることが特長です。

そのため、他のプログラミング言語と比較しても、学習するためのハードルは大変低くなっています。

また、GASはJavaScriptという大変メジャーなプログラミング言語がベースとなっています。JavaScriptは、プログラミング初心者にもわかりやすく、最初に学ぶプログラミング言語としても最適です。

本書では、GASを使うための基本的な構文の説明から始まり、インターネット上から画像を収集するサンプルや、書籍一覧のサイトから書籍データをGoogle スプレッドシートに転記する方法、ログイン認証が必要なサイトに自動ログインする方法などについても、サンプルを用いて説明しています。

ぜひ、最後までご一読いただければ幸いです。

五十嵐貴之

最初からそう教えてくれればいいのに！

Google Apps Script クローリング＆スクレイピングのツボとコツがゼッタイにわかる本

Contents

第1章　クローリング・スクレイピングについて

第2章　GAS(Google Apps Script)の基本

第3章 GASで様々なファイルを解析する ～HTML、XML、JSON、CSV

第4章 書籍データをスクレイピングしよう

第5章 画像ファイルを根こそぎダウンロードしよう

第6章 さまざまな自動入力を扱おう

第7章 ChatGPTを使ったアイデア

Column

第1章

クローリング・スクレイピングについて

本章では、そもそもクローリングやスクレイピングとはどういったものかといった説明や、クローリングの際の注意点などを説明します。

クローリング・スクレイピングとは

クローリングとスクレイピングについて

本書は、クローリングとスクレイピングを行うプログラムを作成するためのプログラミング書籍です。そもそも、クローリングやスクレイピングとはどういう意味で、どのような違いがあるのか、本章では説明いたします。

クローリングとは

クローリングは、プログラムを使い、ウェブ上の情報を収集するために自動的にウェブページを巡回することを言います。クローリングを行うプログラムのことをクローラー（もしくはスパイダー）とも言います（図1）。

図1　クローラー（スパイダー）がURLを次々に読み取る

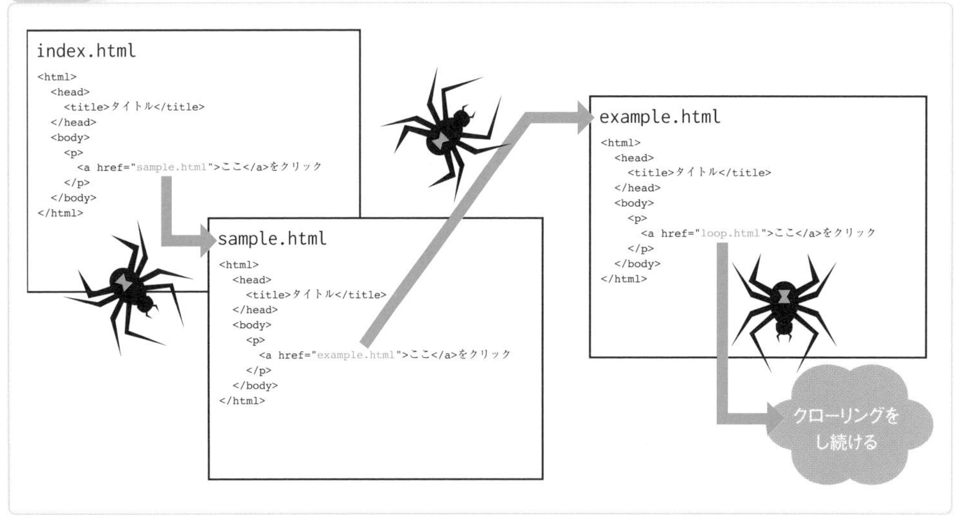

スクレイピングとは

スクレイピングとは、プログラムを使い、Webサイトを自動的に解析して情報を抽出することを言います（図2）。

スクレイピングを行うプログラムのことを、スクレイパーとも言います。

図2　スクレイピングはHTMLなどのWebリソースを解析する行為

index.html
タイトルを
取得したり…
<html>
<head>
<title>タイトル</title>
</head>
<body>
<p>
<a href="sample.html">ここ</a>をクリック
</p>
</body>
</html>
次のクローリング先を
取得したり…

クローリングとスクレイピングの違い

クローリングとスクレイピングは、次のような図で表すことができます（図3)。

図3　クローリングとスクレイピング

webサイト
リクエスト
レスポンス
クローラー
HTML
次のクローリング先
スクレイパー
解析したデータ
データベース

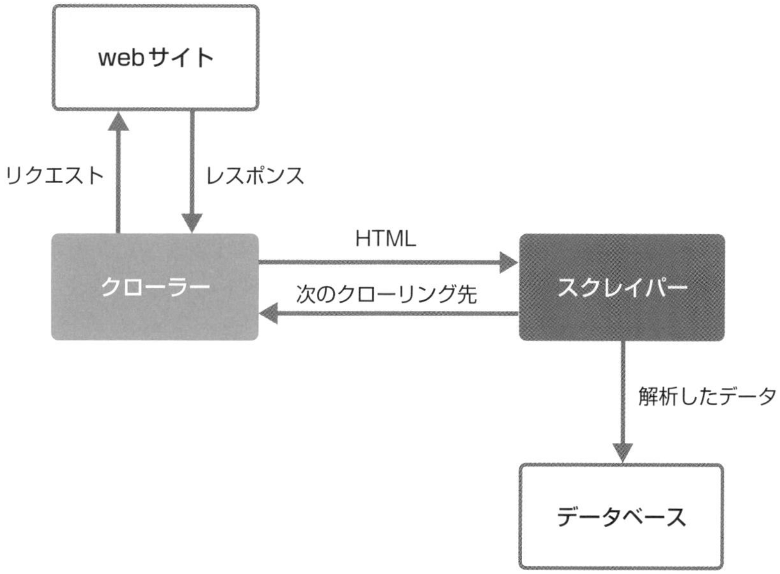

一般的なWebブラウザやクローラーが、Webサイトに情報を要求することをリクエスト(Request)と言い、Webサイトからの応答をレスポンス(Response)と言います。

クローラーがWebサイトの情報を取得したら、そのWebサイトの情報をスクレイパーが解析します。スクレイパーが解析した結果をもとに、次に取得するWebサイトを決定したり、必要に応じて解析した結果をデータベースに保存したりします。

こうして、次々にWebサイトを巡回することをクローリング、クローラーが取得したWebサイトの情報を解析することをスクレイピングと言います。

クローリングの最も具体的な例としては、GoogleやBingのような検索エンジンを挙げることができます。検索エンジンは、「ロボット型検索エンジン」とも呼ばれ、ロボット型検索エンジンは、クローリングによって収集したWebサイトの情報をデータベースに格納し、検索エンジンのユーザーに検索結果として提供します。

ロボット型検索エンジンは、ユーザーが入力した検索キーワードに合致するものをデータベースから探し出し、検索結果として表示しています。

GoogleやBingといった検索エンジンもクローリングを利用しています。

・クローリングで予めWebサイトの情報を収集してデータベースに保存しておきます。
・ユーザーが入力した検索キーワードに合致するWebサイトをデータベースから選び出します。

ポイント

- クローリングは、Webサイトを自動的に巡回してWebサイトから情報を取得することを言い、クローリングを行うプログラムのことをクローラーもしくはスパイダーと言う
- スクレイピングは、Webサイトの情報を自動的に解析することを言い、スクレイピングを行うプログラムのことをスクレイパーと言う
- GoogleやBingなどの検索エンジンは、クローリングでWebサイトから情報を取得してデータベースに保存している。検索キーワードを検索エンジンに入力することで、データベースに保存されている内容と合致するWebサイトの情報を表示している

1-2 クローリングで注意すること

1

データの無断利用等による著作権法違反

クローリングを行う際に、必ず遵守することがあります。

クローリング行為によってクローラーの開発者が逮捕された事例があります。

自分で開発したクローラーによって逮捕されないために、クローラーの開発を始める前に、必ず本節をお読みください。

クローリング行為によってインターネット上から収集したデータにも、著作権があります。

たとえそれが誰もが簡単に手に入れることができるものであっても、それらに著作権を主張するものがいるのです。

クローラーで収集した写真や動画を自分のホームページやブログで勝手に公開することは、著作権法違反です。

まずは、データの提供元のWebサイトに著作権や利用規約が明記されていないかを確認しましょう。

リソース圧迫による業務妨害

クローラーを作成する上で、是非とも念頭に置いておかなければならない事件があります。

クローラーは、人間の手と比較すると、尋常ではない早さでWebサイトからデータを抜き取ることが可能です。そのため、対象となるWebサーバーに負担をかけてしまう可能性が大いにあります。

実際、クローラーの開発者が業務妨害の疑いを掛けられて逮捕された事例がありました。岡崎市立中央図書館事件です。

2010年3月、岡崎市立図書館の蔵書検索システムに対してクローリング行為を行った利用者が、同年5月25日に偽計業務妨害容疑で逮捕され、20日間もの間勾留され続けました。

そのクローラーの特徴は、1秒間に1回程度のリクエストを送信する程度でした。

1秒間に1回程度のリクエストは、クローラーとしては常識的なものであり、Webサーバーに多大な負荷を与えるほどのものではありません。実際、同システムがダウンした要因は、クローラーによるものではなかったとされています。

にもかかわらず、クローラーの開発者が逮捕された事例は、他のクローラー開発者に大きな衝撃を受けました。

実際の事件は、後の判決により、業務妨害する意図はなかったとして起訴猶予処分となりました。

さて、クローリングで罪を問われないようにするためには、次の点に気を留めておく必要があります。

・対象となるサイトの利用規約を守ること
・リクエストの送信は、複数同時に行わない
・リクエストの間隔を、最低でも1秒以上空ける

利用規約に従わないことは、著作権法違反などにより、民事・刑事責任を問われる可能性があります。利用規約については、後述します。

後者の2つについては、サイト独自の規約があれば、もちろんそれに従います。

規約がなかったとしても、対象サイトのWebサーバーに負荷をかけないよう、マナーとして守るべきものです。一般のクローラー開発者には、暗黙的な約束事となっています。

利用規約に従う

利用規約は、守らなければ法に罰せられる可能性が大いにあります。

例えば、Webサイトから入手した画像を勝手に転売した場合、著作権法違反で罰せられる可能性があります。

利用規約は、Webサイトによって様々です。

素材の利用を商用利用に関してのみ有償とする場合や、素材の提供元であるWebサイトへのリンクを義務付ける旨の規約などがあります。

インターネット上で簡単に入手できるとはいえ、それらの素材には著作権が存在することを忘れないようにしてください。くどいようですが、クローリングによってそれらの素材を収集する場合、必ず収集元のWebサイトの利用規約に従ってください。

素材提供者は、自分が作成した作品が広く使われることを期待します。しかしながら、利用規約が軽視されることを快くは思いません。

私も自ら開発したフリーウェアや素材を提供する立場でもあるのですが、以前、私が開発したソフトウェアが、ほかのソフトウェアと一緒にCD-ROMに同梱され、ヤフオクで売られていたのを見たことがあります。もちろん、私は許可した覚えはありません。そのまま傍観しましたが、あまり気持ちのよいものではありませんでした。

本書の読者は、ぜひとも素材提供者に感謝の気持ちを忘れないようにしてください。

ポイント

- インターネット上で無料で入手できるものにも、著作権が存在することを忘れないようにする
- クローリングにより、Webサイトのサーバーに負荷をかけないようにする
- クローリングするWebサイトの利用規約には、必ず従う
- Webサイトから素材を収集する場合、素材提供者に感謝の気持ちを忘れないようにする

1-3 URLのしくみ

URLはインターネット上のファイルの位置

Google Apps Script (GAS) でクローリングやスクレイピングする方法を学習するまえに、まずはURLのしくみについて学習しましょう。

URLは、インターネット上に存在するファイルやディレクトリの所在を明らかにします。クローリングは、そのURLを指定から目的とするデータを探し出します。

URLは、Uniform Resource Locatorの略で、インターネット上におけるファイル(「リソース」や「資源」などとも呼ばれます)の位置を指し示すための文字列のことを言います。そのファイルにアクセスすることで、利用者はさまざまなWebサービスを受けることができます。

様々なブラウザでは、Webページを参照する場合、参照先のURLのパスが上部に表示されます。例として、著者のサイトのURLを例に挙げます(画面1)。

IKACHI - ソフトウェアダウンロード
https://www.ikachi.org/software/index.html#software

▼画面1　IKACHI - ソフトウェアダウンロード

このURLは、次のような仕組みになっています(図1)。

図1 URLのしくみ

```
https://www.ikachi.org/software/index.html#software
  ①          ②            ③        ④         ⑤
```

①	プロトコル
②	ドメイン
③	フォルダー
④	ファイル名
⑤	ラベル

図1の①のプロトコルとは、Webページをみるための「約束事」や「決め事」のことです。このプロトコルによって統一された仕様があるため、世界中から配信されたWebページが、Microsoft Edge、GoogleのChromeブラウザなどによって閲覧することができるのです。

一般的に、Webページを参照するためのプロトコルには、「http」と「https」の2つがあります。

「http」は、「Hyper Text Transfer Protocol」の略で、HTMLファイルなどのコンテンツを通信するためのプロトコル（約束事）です。

これに対し、「https」は、「Hypertext Transfer Protocol Secure」の略で、"http"の後ろに「Secure」(安全な）の英単語が付いたことが示すように、より安全に通信が行われるように設計されたプロトコルです。「https」によって送受信されたデータは、SSL（Secure Sockets Layer）というプロトコルによって暗号化されることにより、第三者によって不正に傍受されてもそのデータの内容が解読できないようになっています（図2）。

例えば、ユーザー登録のWebページにあなたの名前や住所などの個人情報を入力し、「送信」ボタンをクリックしたとします。

図2のように、httpプロトコルの場合、悪意を持った第三者に通信の内容を閲覧されてしまう危険性があります。

ところがhttpsプロトコルの場合、通信の内容が暗号化されていますので、悪意を持った第三者が通信の内容を閲覧しようとしても解読不能なデータしか得られません。

ただ、どちらのプロトコルにせよ、クローリングには影響ありません。

図2 「http」と「https」の違い

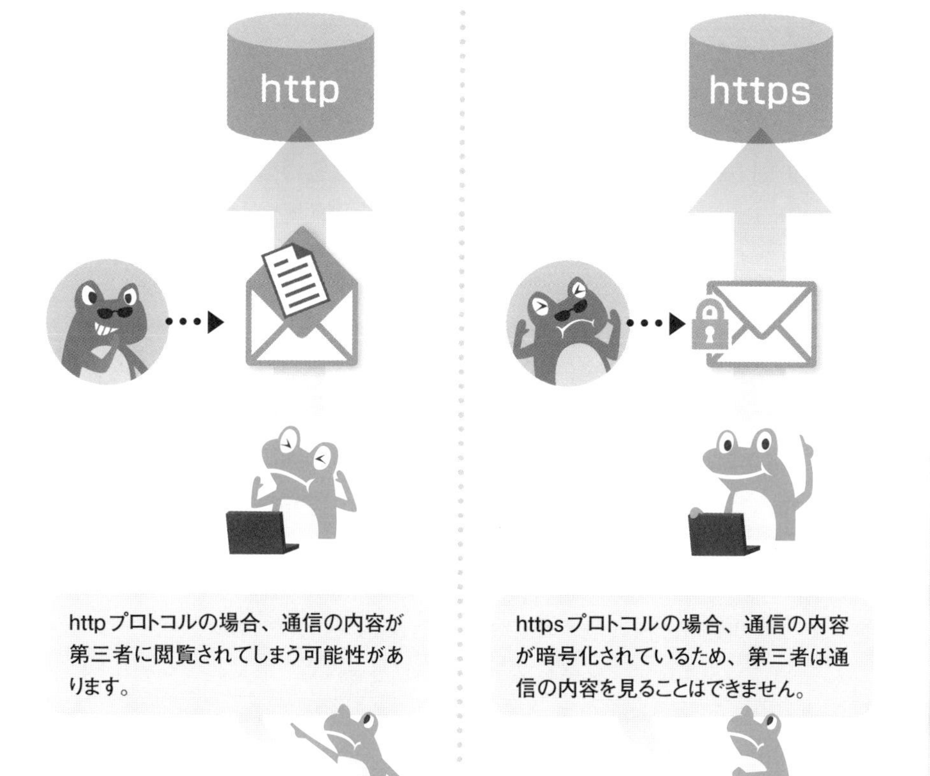

http
https
httpプロトコルの場合、通信の内容が第三者に閲覧されてしまう可能性があります。
httpsプロトコルの場合、通信の内容が暗号化されているため、第三者は通信の内容を見ることはできません。

次に、図1の②のドメインについて。

ドメインは、インターネット上の住所を指し示す文字列と言えます。

例えば、「www.ikachi.org」はドメインです。

Yahoo! JAPANであれば「www.yahoo.co.jp」、Googleの日本語サイトであれば、「www.google.co.jp」です。

図1の③と④について、説明します。

ドメインの後に続く文字列は、Webページが存在するインターネット上のフォルダーを示します。つまり、著者のホームページの例で言えば、「software」というフォルダーのなかに「index.html」というファイルがあることを示しています。

ちなみに、URLにファイル名を指定しなかった場合はどうなるのでしょうか。つまり、"http://www.ikachi.org/"や"https://www.yahoo.co.jp/"のように、です。

この場合、"index.html"や"index.php"など、"index.*"というファイルを探しだし、見つかった場合にそのファイルを表示するように設定されていることが多いです。

最後に、図1の⑤はラベルと呼ばれるものです。

Webページ上の特定の位置にジャンプするための表記です。

著者のホームページで言えば、"#software"と表記されており、HTMLタグ上にて"software"という名前が付けられたラベルまでWebページをジャンプすることができます。

絶対パスと相対パス

URLの仕組みが分かったところで、続いて**絶対パス**と**相対パス**について説明しましょう。

「絶対パス」と「相対パス」は、ともにURLを指し示すパスの種別の違いです。「パス」とは、ファイルが存在する場所を示す経路を文字列で表したもので、インターネット上に限らず、コンピューター内に存在するファイルの所在もパスを使って表現します。

例として、Window端末に標準装備されている「メモ帳」アプリの実体ファイルが存在するパスは、

```
C:¥Windows¥notepad.exe
```

です。URLも、インターネット上に存在するファイルの位置を表現する文字列であり、パスです。

「絶対パス」の場合、ファイルの所在までの経路を示す文字列を、すべて表現することを言います。

これに対し、「相対パス」の場合、現在の位置から相対的にみたファイルのありかまでの経路を示す文字列です。

少々わかりづらいかと思いますので、例を見てみます。

例えば、次のようなURLがあります。

```
http://www.ikachi.org/software/graphicresize.html
```

これは、「graphicresize.html」というHTMLファイルが存在するまでの経路を表現しています。

このURLの表現方法は、絶対パスです。

このURLからみた場合、次のURLを相対的にみた場合はどうなるでしょうか？

```
http://www.ikachi.org/index.html
```

これを相対パスに置き換えると、次のようになります。

```
../index.html
```

".."が、1つ上のディレクトリを示す識別子です。

つまり、「software」ディレクトリを1つ上にさかのぼり、そのディレクトリに存在する「index.html」を表しています。

このように、クローリングする際はリンク先が絶対パスで記述されている場合と相対パスで記述されている場合を考慮する必要があります（図3）。

図3　ディレクトリの階層の例と相対パス

ポイント

- URLは、インターネット上におけるファイルの位置を示す文字列
- 絶対パスは、URLをすべて正確に記したもの
- 相対パスは、現在参照しているパスからの相対位置で表現したもの

コラム

ロボット型検索エンジンとディレクトリ型検索エンジン

14ページにて、ロボット型検索エンジンに関する説明をしました。

このロボット型検索エンジンが登場する前は、「ディレクトリ型検索エンジン」というものがありました。

ディレクトリ型検索エンジンは、人手によってWebページを登録するタイプの検索エンジンです。

たとえば、Yahoo! JAPANは以前、ディレクトリ型検索エンジンでした。Yahoo! JAPANのディレクトリ型検索エンジンには、自分のお気に入りのサイトを推薦して登録してもらうことができました。商用サイトの場合、検索エンジンに登録してもらうための登録料が必要だったようです。

人の手によってWebサイトを検索エンジンに登録するため、申請しても必ず登録されるわけではなく、また時間もかかりました。

今では、ネット上に非常に多くのWebサイトが存在していますが、これらのサイトを検索エンジンに登録するには、ディレクトリ型検索エンジンだけでは到底無理な話でしょう。

ロボット型検索エンジンの誕生は必然だったのかも知れません。

GAS (Google Apps Script) の基本

本章では、GASの基本的な概念や、基本構文を用いたスクリプトの作成と実行について説明します。

2-1 GASとは

JavaScriptベースの言語

GAS（Google Apps Script）は、Google社が提供するプログラミング言語であり、JavaScriptをベースにしています。

JavaScriptは、世界で多く使用されているWeb開発言語の1つです。多くのWebサイトやアプリケーションに採用されています。

GASはJavaScriptをベースにしていますが、まったく同じものではありません。GASとJavaScriptの違いについて、確認しましょう（表1）。

▼表1　GASとJavaScriptの相違点

	GAS	JavaScript
動作環境	Googleのクラウド環境内	Webブラウザ上
主な目的	Googleのサービスと連携した操作	Webブラウザ上のウィンドウ操作

GASとJavaScriptは、どちらもプログラミング言語であり、変数、配列、関数、制御文などの基本的な構文を同じように使用することができます。

ただし、全ての機能をまったく同じように使えるかというと、そうではありません。JavaScriptでは、Webブラウザ上にアラートを表示させるための機能や、Webページ上の要素を取得するための機能が標準で用意されていますが、GASにはこれらとまったく同じ機能は用意されていません。その代わりに、GASには、Googleアプリケーションと連携するための多くの機能が用意されています。

GASの動作環境やGoogleアプリケーションと連携した操作ができる点について、次の項以降でさらに詳しく説明します。

クラウドで動作する

Webブラウザ上で動作するJavaScriptやWebサーバー上で動作する他のプログラミング言語とは違い、GASはGoogleのクラウド上で動作します（図1）。

通常であれば、開発したプログラムを動作させるためには、実行環境となるサーバーを用意する必要があります。

また、プログラムを開発するためには高いスペックのパソコンで専用のソフトウェアをインストールする必要があるような言語もあります。

しかし、GASはGoogleのクラウド上で動作するため、サーバーを用意するための費用や、インフラを設定する必要がありません。

また、プログラムの実行だけではなく、開発もWebブラウザ上から行うことができます。そのため、開発のためのソフトウェアをインストールする必要もありません。このことにより、スペックの低い環境でも問題無く開発することができます。

図1　GASはGoogleのクラウド上で開発・実行できる

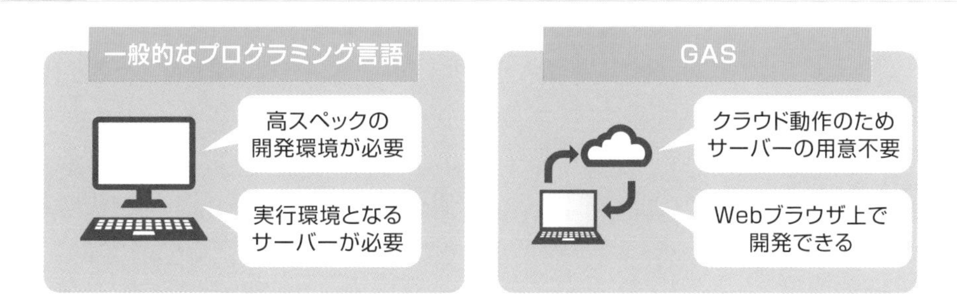

このように、GASはクラウドで動作することから、開発や実行のハードルが低いことも特徴の1つとして挙げられます。

Googleアプリケーションを操作できる

GASの最大の特長として、「Googleアプリケーションを操作できる」ということが挙げられます。

GASを使うことによって、Google のアプリケーション（Gmail、Google カレンダー、Google スプレッドシート、Google ドライブなど）を自分のニーズに合わせてカスタマイズすることができます。

例えば、WebサイトやGoogle スプレッドシート、Google カレンダーなどのWebサービスから特定のデータを取得して、指定された方法で加工し、Google スプレッドシートに書き出したり、SlackやChatworkなど外部のWeb APIに通知を登録したりすることができます（図2）。

図2　GASでできること

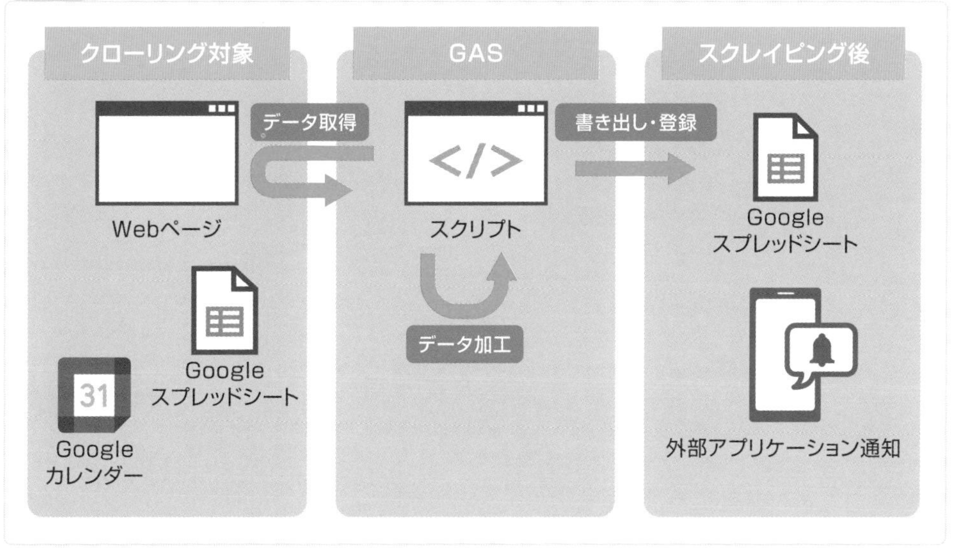

本書では、GASを用いてWebサイトの情報を取得し、必要な情報を抜き出すというクローリング／スクレイピングの一連の流れと記述方法を説明します。

サンプルとして提示しているプログラムを応用することによって、業務やデータ分析をより効率的に行うことができるでしょう。

GASを開発するために、具体的にどのようなものが必要となるのかは、次の節で説明します。

ポイント

- GASはGoogle社が開発したプログラミング言語であり、JavaScriptをベースとしている
- GASはクラウド上で動作するため、開発や実行のための環境を自分で用意する必要がない
- 本節では、GASの特徴と、GASで作成できるプログラムの例について説明した

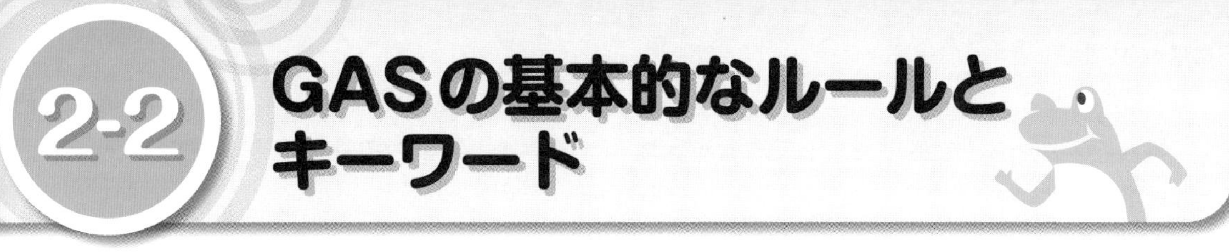

2-2 GASの基本的なルールとキーワード

制限と割り当て

GASはGoogleのクラウド上で動作するため、誰もが好きなだけ使用してしまうと、サーバーの容量を圧迫し、パフォーマンスを保証できなくなってしまいます。そのため、実行回数や実行時間、データサイズに制限が設けられてます。

GASを用いたアプリケーションの作成や実行にあたって、これらの制限を考慮する必要があります。また、この制限と割り当ては随時改訂されているため、最新の情報を確認するようにしましょう。

GASの制限と割り当てに関わる最新情報は、Googleの公式サイトから確認できます。

Google サービスの割り当て | Apps Script | Google Developers
https://developers.google.com/apps-script/guides/services/quotas?hl=ja

公式サイトを確認すると、以下のように、Googleアカウントの種類別の設定が確認できます（表1、2）。

▼表1　制限の設定例（2023年5月時点）

特徴	一般ユーザー（gmail.com など）と無償版 G Suite（従来版）	Google Workspaceアカウント
スクリプトのランタイム	6 分 / 実行	6 分 / 実行
カスタム関数のランタイム	30 秒 / 実行	30 秒 / 実行
同時実行	30 件 / ユーザー	30 件 / ユーザー
メール添付ファイル数	250 件 / メッセージ	250 件 / メッセージ
メール本文のサイズ	200 KB / メッセージ	400 KB / メッセージ

▼表2　割り当ての設定例（2023年5月時点）

特徴	一般ユーザー（gmail.com など）と無償版 G Suite（従来版）	Google Workspaceアカウント
カレンダーの予定の作成	5,000 件 / 日	10,000 件 / 日
連絡先の作成	1,000 件 / 日	2,000 件 / 日
作成したドキュメント	250 件 / 日	1,500 件 / 日
変換したファイル数	2,000 件 / 日	4,000 件 / 日
1 日あたりのメール受信者	100 人 / 日	1,500 人 / 日

個人のアカウントで無料使用している場合は、「一般ユーザー」の項目を確認します。「Google Workspaceアカウント」は、ビジネス向けの有料アカウントです。

また、割り当てのカウントは太平洋標準時（PST）の0時（日本時間の16～17時）にリセットされます。

これらのことを考慮して作成するアプリケーションを設計したり、場合によっては使用するアカウントの有料化を検討する必要があります。

コンテナバインドプロジェクト／スタンドアロンプロジェクト

GASでは、**コンテナバインドプロジェクト**と**スタンドアロンプロジェクト**の2種類のアプリケーションが作成できます（図1）。

コンテナバインドプロジェクトは、Googleのサービス（Google スプレッドシート、Google フォーム、Google ドキュメントなど）と統合することができるアプリケーションです。Google サービスに対してGASを実行するような形式のため、1つのGoogle サービスが複数のプロジェクトに紐づくこともあります。

スタンドアロンプロジェクトは、GASのみで作成された独立したアプリケーションです。この場合、アプリケーションはホスティングされており、別のURLからアクセスすることができます。スタンドアロンプロジェクトで作成されたアプリケーションは、手作業での設定を別途行えば、他のGoogleサービスと統合することもできます。

図1 コンテナバインドプロジェクトとスタンドアロンプロジェクト

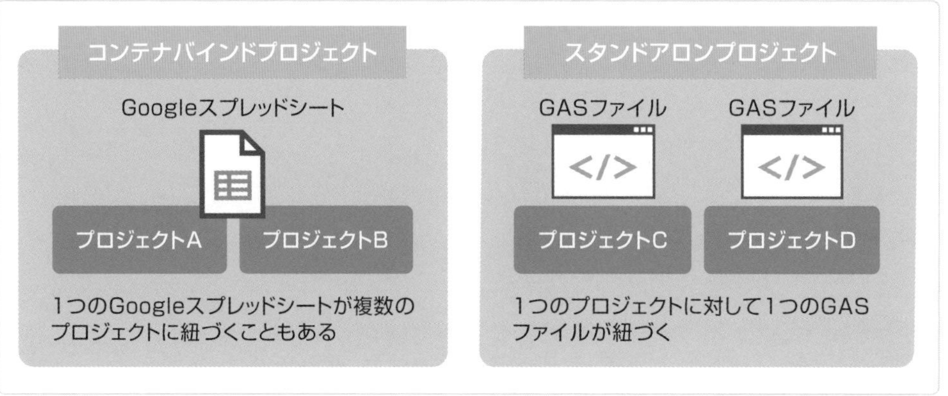

一般的に、コンテナバインドプロジェクトは、Googleのサービスとのデータ統合や自動化を目的としています。一方、スタンドアロンプロジェクトは、GASの機能を活用してWebアプリケーションを作成することを目的としています。

トリガー（シンプルトリガー／インストーラブルトリガー）

GASにおいて、スクリプトの実行を自動的に開始するための仕組みを「トリガー」といいます。トリガーを活用することによって、特定の条件のときにGASを自動実行することができます。

トリガーは、**シンプルトリガー**と**インストーラブルトリガー**の2種類を作成できます。

シンプルトリガーは、GASのスクリプト上に指定の形式でプログラムを記述してトリガーを設定する方法です。

シンプルトリガーでは、次の表3の6種類のトリガーを作成できます。

▼表3　シンプルトリガーの種類

種類	内容
onOpen(e)	ユーザーが編集権限のあるGoogle スプレッドシート、Google ドキュメント、Google スライド、Google フォームを開くと実行される
onInstall(e)	ユーザーが Google スプレッドシート、Google ドキュメント、Google スライド、Google フォーム内からエディタ アドオンをインストールしたときに実行される
onEdit(e)	ユーザーがGoogle スプレッドシート内の値を変更したときに実行される
onSelectionChange(e)	ユーザーがGoogle スプレッドシートで選択内容を変更したときに実行される
doGet(e)	ユーザーがウェブアプリにアクセスしたり、プログラムが HTTP GET リクエストをウェブアプリに送信したときに実行される
doPost(e)	プログラムが HTTP POST リクエストをウェブアプリに送信したときに実行される

また、インストーラブルトリガーは、スクリプトエディターと呼ばれるGASの作成画面上で項目を選択しながら設定する方法です（画面1）。

シンプルトリガーに比べて柔軟性が高く、特定の時間に起動するような時間駆動型トリガーなども設定できます。

▼**画面1　インストーラブルトリガーの設定画面例**

シンプルトリガーとインストーラブルトリガーは、それぞれ設定方法が異なるだけではなく、設定できる内容も異なります。トリガーを設定する際には、両者それぞれの特徴を理解して、設定方法を選択しましょう。

プロジェクトとファイル

GASでは、プログラム（スクリプト）を**プロジェクト**という単位で作成していきます。各GASプロジェクトには独自のIDがあり、1つのプロジェクト内には1つまたは複数のスクリプト、HTMLファイル、画像、その他のリソースが含まれます。プロジェクト内に含まれるこれらの要素を**ファイル**と呼びます（図2）。

図2　プロジェクトとファイル

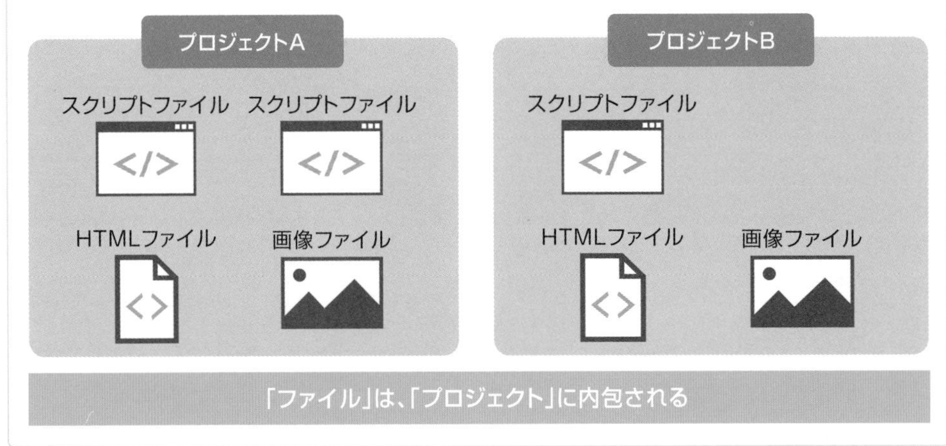

GASにおける「プロジェクト」内の「ファイル」のうち、さらに実際に使用される機能について、もう少し詳しく説明していきます。

プロジェクト(ファイル/ライブラリ/サービス)

GASプロジェクトに含まれるファイルのうち、**ライブラリ**というものがあります。ライブラリは、他のスクリプトから再利用することができるスクリプトや、関数の集合を指します。

GASの開発をしていると、似たようなコードや同じ仕組みを同じプロジェクトに何度も書くことが出てきます。そのような決まった処理をライブラリにまとめて再利用可能にすることによって、効率的に開発ができます。

ライブラリは、**ライブラリのID(スクリプトID)**を指定することによってGASプロジェクトに組み込むことができます。ここには、他の人が公開しているライブラリのIDや、自身で作成したライブラリのIDを発行して指定することができます(画面2)。

▼**画面2 ライブラリの指定方法**

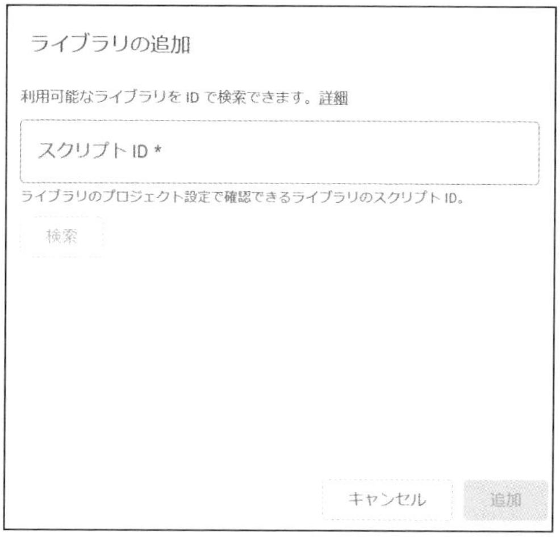

ライブラリを使用することによって開発やメンテナンスが効率的になりますが、使用する場所が多いと、プログラムの実行速度が遅くなる場合があります。実行速度が重要となるプロジェクトにおいては、ライブラリの使用を控えめにすることが推奨されています。

また、GASには、ユーザーデータ、他のGoogleシステム、外部システムとやり取りするための30以上の組み込みサービスが用意されています。このサービスも、ライブラリと同様に、必要に応じて選択することによってGASのプロジェクトに組み込むことができます(画面3)。

プロジェクトに組み込んだサービスを使用して、Google スプレッドシートなどのGoogleサービスのデータを読み書きしたり、操作したりすることができます。

▼**画面3　サービスの指定画面**

サービスを追加

高度なタスクを実施するために、プロジェクトで Google の拡張サービスを利用することができます。詳細

Google Calendar API　ドキュメント

Google Classroom API

Google Docs API

Google Sheets API

Google Slides API

Google Workspace Reseller API

バージョン

v3

利用可能なバージョン。

ID *

Calendar

このプロジェクト内でこのサービスを参照する際に使用します。

このプロダクトを利用することにより、お客様は Google API の利用規約ならびに適用されるあらゆるサービスおよび API の利用規約に同意したものとみなされます。

キャンセル　追加

使用できるサービスの詳細は、公式サイトからも確認できます。

リファレンスの概要 | Apps Script | Google Developers
https://developers.google.com/apps-script/reference?hl=ja

ここまで、開発にあたって便利なライブラリとサービスについて紹介しました。後の章でも、必要に応じて使用していきます。

ポイント

- GASは誰もが好きなだけ実行できるのではなく、制限や割り当てが設定されている
- GASでは、コンテナバインドプロジェクトとスタンドアロンプロジェクトの2種類のアプリケーションが作成できる
- トリガーとは、スクリプトの実行を自動的に開始するための仕組みを指す
- GASはプロジェクト管理で管理され、さまざまなファイルがプロジェクトに内包される
- 必要に応じて外部プロジェクトでも使用できるライブラリを作成したり、外部のライブラリを使用したりできる
- GASには、ユーザーデータ、他のGoogleシステム、外部システムとやり取りするための組み込みサービスが用意されている
- 本節では、GASにおける基本的なルールとキーワードについて説明した

2-3 GASのスクリプト作成と実行

GASを使うのに必要なもの

この節では、GASを実際に使用して、簡単なスクリプトを動作させることによっておおまかなスクリプト作成の流れを学習します。

前節にて、GASはクラウド上で動作するため、高いスペックのパソコンやサーバーを用意する必要はないと説明しました。

それでは、実際にGASを使用するには最低限どのようなものが必要なのか説明します。

GASを使用するために必要なものは次の3つです（図1）。

図1　GASを使用するために必要なもの

Googleアカウント

すでにお持ちのGoogleアカウントがあれば、そのままお使いいただけます。
お持ちでないかたは、無料でアカウントを新規作成できます。

Googleアカウントの作成
https;//accounts.google.com/signup

Webブラウザ

Google ChromeやMicrosoft Edge、SafariなどのWebブラウザを用いて開発します。
本書ではGoogle Chromeの使用を推奨しており、インストール方法は2-6節の「**Google Chromeブラウザを使おう**」にて説明します。
Google Chromeをインストールしていないかたは、まずは使い慣れたWebブラウザを使用していただいてかまいません。

インターネットに接続できる環境

GASの作成や実行はインターネット上で行うため、インターネットに接続できる環境が必要です。

必要なものを揃えることができたら、実際にGASプロジェクトを作成し、スクリプトを記述していきましょう。

GASプロジェクトの作成方法

この項では、新しくGASのプロジェクトを作成する方法について説明します。

まずは、Googleアカウントでログインした状態でメニューを開き、「Google ドライブ」にアクセスします（画面1）。

▼画面1　Google ドライブへのアクセス

このあと、サンプルとして使用するためのフォルダーを作成しておきます。

「新規」ボタンをクリックして「新しいフォルダ」を選び、任意の名前でフォルダーを作成します（画面2）。

▼画面2　新しいフォルダーの作成

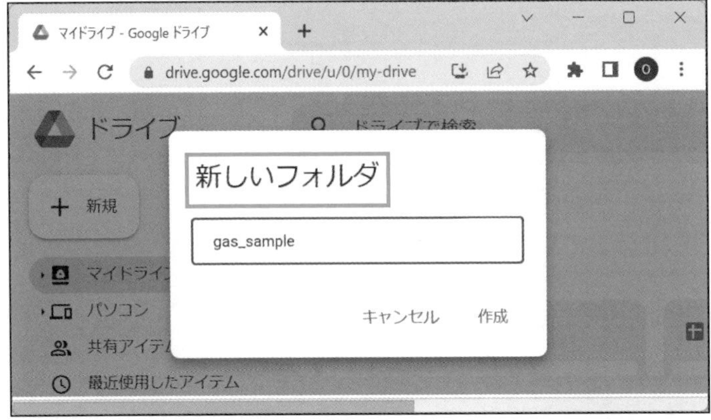

作成した新しいフォルダをダブルクリックして、フォルダーの移動をします。

「新規」ボタンをクリックし、「その他」->「Google Apps Script」を選択します（画面3）。

▼画面3　GASプロジェクトの作成

GASプロジェクトの作成ができると、新しいタブでGASプロジェクトの画面が開きます（画面4）。

▼画面4　GASプロジェクトの初期画面

「無題のプロジェクト」と書かれている箇所は、「プロジェクト名」に該当します。好きな名前に変更して構いません。

「ファイル」と書かれている箇所には、プロジェクト内のファイルの一覧が表示されています。初期状態では、「コード.gs」というファイルのみが追加されています。「.gs」はGASのスクリプトファイルの拡張子です。「.gs」よりも左側の部分はファイル名に該当するため、こちらも好きな名前に変更して構いません。

また、「ファイル」の箇所に前節で紹介した「ライブラリ」や「サービス」を追加できるメニューもあります。

「スクリプトエディタ」では、現在「ファイル」欄で選択されている「コード.gs」の内容が表示されています。

このあと、このスクリプトエディタを使用して、さまざまなスクリプトを作成していきます。

スクリプトの作成と実行

GASプロジェクトを作成できたら、今度は簡単なスクリプトを作成して実行する一連の流れを説明します。

スクリプトエディタ上には、初期状態で「function myFunction()」の記述があります。これは**関数**と呼ばれる記述であり、「myFunction」は**関数名**に該当します。関数についての詳細は、後の節で説明します。

今回は、この「{」から「}」の間に処理を記述していきます（画面5）。

▼**画面5　スクリプトの記述場所**

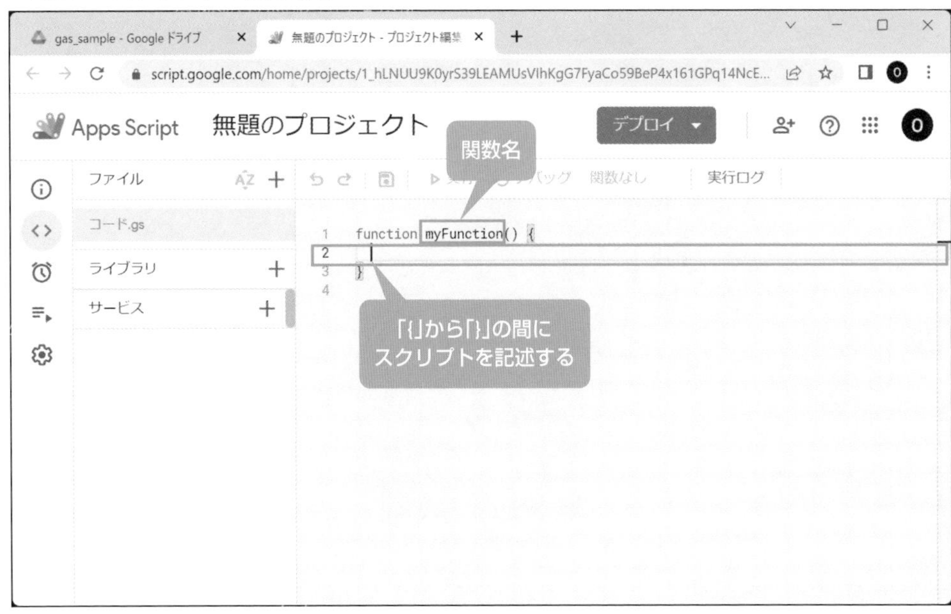

まずは、「console.log('こんにちは');」と記述してみましょう。「console.log」は括弧の中に

指定した情報を「コンソール」と呼ばれる箇所へ出力するための標準機能です。

括弧やシングルクォーテーション、セミコロン等が半角文字であるように注意して記述してください（リスト1）。

▼リスト1 「こんにちは」と出力しましょう

```
function myFunction() {
  console.log('こんにちは');
}
```


ソースコードを記述できたら、「プロジェクトを保存」マークをクリックします（画面6）。

▼画面6 プロジェクトを保存する

保存ができたら、「実行する関数を選択」の箇所が「myFunction」になっていることを確認してください。「関数なし」となっている場合は、▼マークから「myFunction」を選択してください。「myFunction」を選択できたら、「実行」ボタンをクリックします（画面7）。

▼画面7 関数の実行

実行されると、「実行ログ」が出現します。

「お知らせ」と書いてある行は、システムからのお知らせで、「実行開始」や「実行終了」の情報が記載されます。

「情報」と書いてある行は、スクリプト内で「console.log」で指定した文字が出力されています（画面8）。

▼**画面8　関数の実行結果**

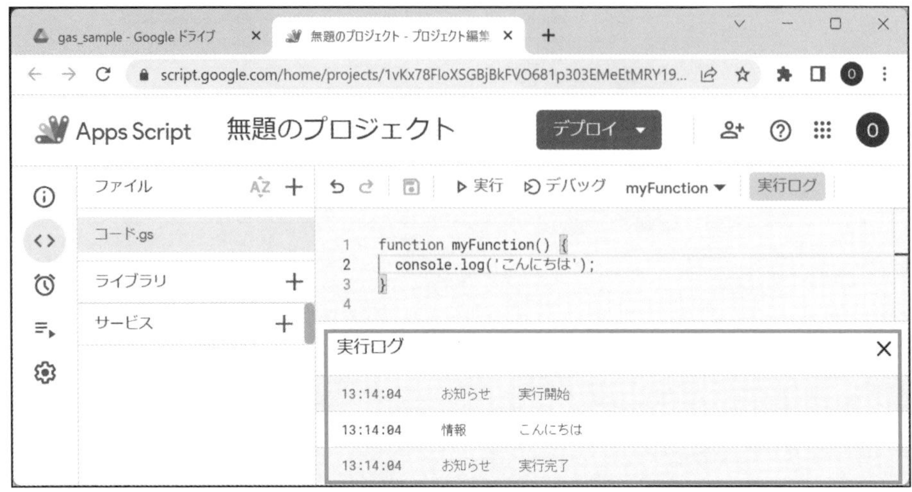

これで、ごく簡単なスクリプトの作成と実行の手順ができました。

デプロイについて

GASにおいて、**デプロイ**とは、スクリプトやリソースを他の人に公開することを意味します。

プロジェクト名の横にある「デプロイ」ボタンをクリックすると、「新しいデプロイ」「デプロイを管理」「デプロイをテスト」のメニューが表示されます（画面9）。

▼**画面9　「デプロイ」ボタンクリック後のメニュー**

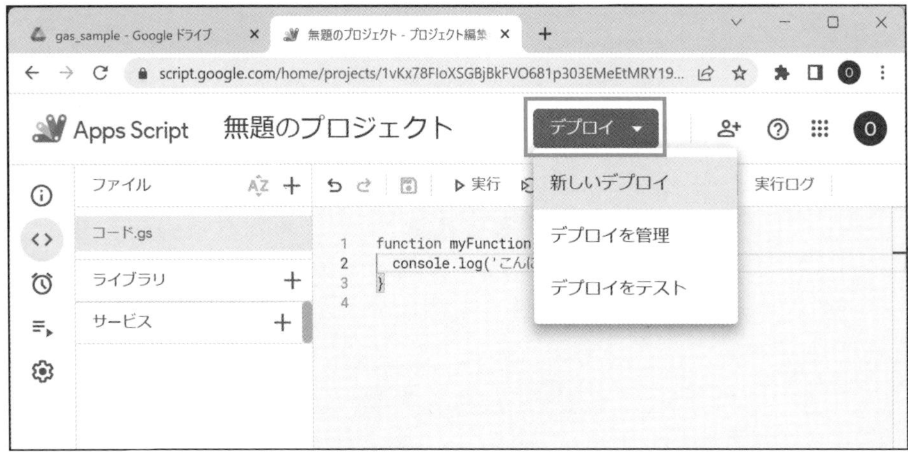

「新しいデプロイ」は、新しくデプロイをしてURLを発行できるボタンです。

「デプロイを管理」は、一度行ったデプロイを無効化したり、公開するURLを設定したりすることができます。

「デプロイをテスト」は、GASのデプロイをテストすることができます。ただし、一度デプロイを行っていないと、本機能を使用することはできません。

ここでは、「新しいデプロイ」を選択します。すると、新しいデプロイの設定画面が開きます。

「種類の選択」の横の歯車マークをクリックすると、「ウェブアプリ」「実行可能API」「アドオン」「ライブラリ」のメニューが表示されます（画面10）。

▼**画面10 「新しいデプロイ」ボタンクリック後のメニュー**

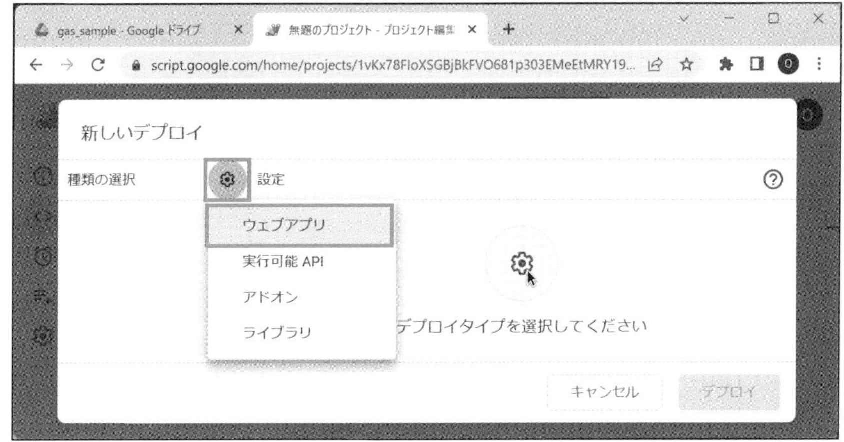

それぞれのメニューには、以下のようなはたらきがあります（表1）。

▼**表1 デプロイの種類と内容**

種類	内容
ウェブアプリ	ブラウザからアクセスできるURLを発行し、GAS スクリプトをWebアプリケーションとして公開できる
実行可能API	外部のアプリケーションから GAS スクリプトを呼び出す APIを作成できる
アドオン	Google ドキュメントや Google スプレッドシートなどの Googleのサービスで利用できるアドオンを作成できる
ライブラリ	GAS スクリプトのコードをライブラリとして共有するためのライブラリ IDを発行できる

今回は、「ウェブアプリ」を選択します。

すると、設定画面に3つの項目が現れます（画面11）。

▼画面11　ウェブアプリの設定内容

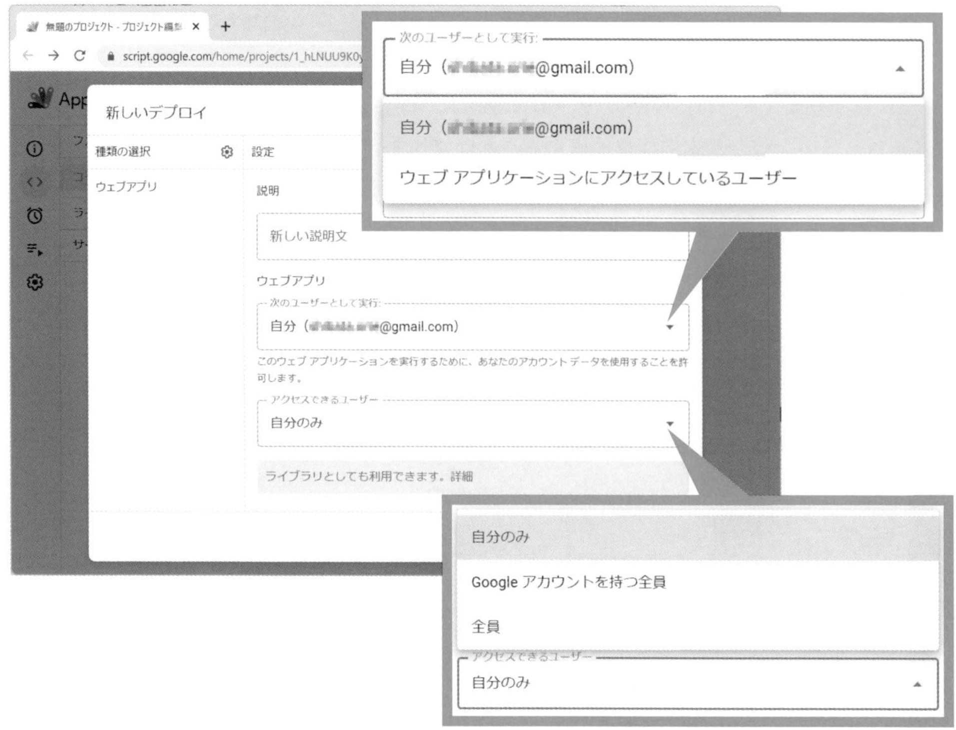

「説明」欄には、どのような内容のデプロイをするのかの説明を記述します。

特に、スクリプトの内容を更新した際には、更新内容を詳細に記述することによって、バージョン管理が容易となります。

「ウェブアプリ」欄では、実行可能なユーザーとアクセス可能なユーザーを指定できます。

「次のユーザーで実行」欄では、アクセス時にスクリプトを実行するユーザーを指定できます。この設定には、「自分」（スクリプトの所有者）または「ウェブアプリケーションにアクセスしているユーザー」の2つの選択肢があります。

「アクセスできるユーザー」欄では、Web アプリケーションにアクセスできるユーザーを指定できます。この設定には、「自分のみ」、「Googleアカウントを持つ全員」、「全員」の3つの選択肢があります。

意図しないユーザーから実行・アクセスされないように、適切な選択肢を設定する必要があります。

今回は、デフォルトのまま「自分」「自分のみ」を選択した状態で、「デプロイ」をクリックしましょう。

デプロイが完了すると、「デプロイID」「ウェブアプリURL」が表示されます（画面12）。

確認ができたら、「完了」ボタンをクリックしてください。

これで、デプロイ作業は完了です。

▼画面12　デプロイ完了画面

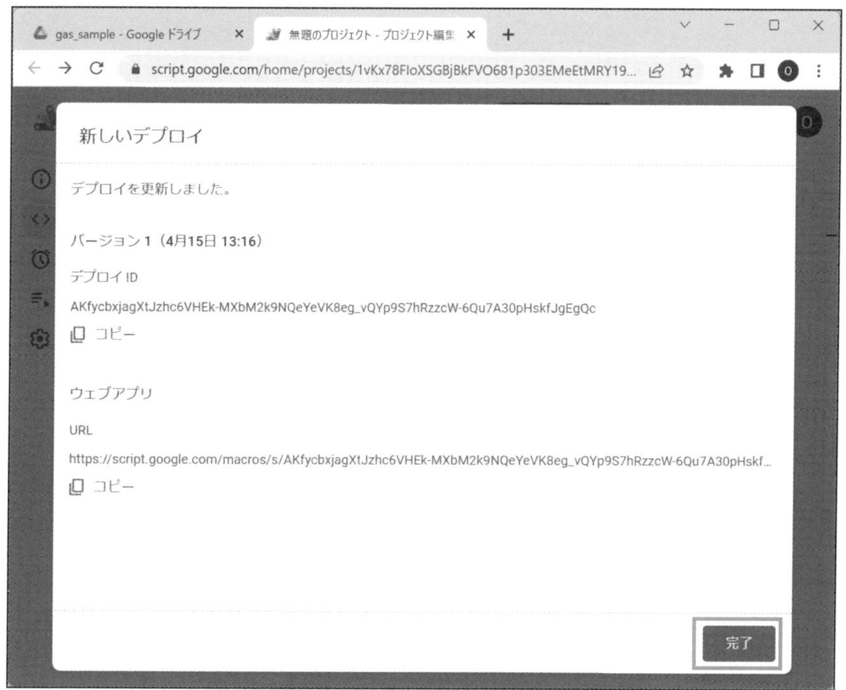

【注意】今回作成したスクリプトは、Webブラウザから閲覧されることを想定して作成していないため、ウェブアプリ用のURLをコピーしてWebブラウザから確認をしても、「スクリプト関数が見つかりません: doGet」というエラー画面が表示されます（画面13）。

▼画面13　エラー画面

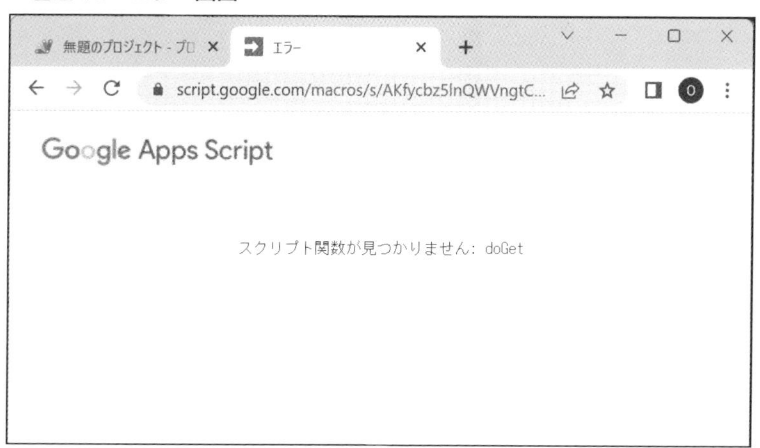

これは、Webブラウザからアクセスがあったときに実行するための「doGet」という名前の関数を作成していないため、このエラーが表示されています。

Webブラウザから何か表示確認をしたいという方は、リスト2の5〜7行目のようにdoGet関数を追記してください。これは、Webページにアクセスしたときに「こんにちは」という文字を表示させるよう記述しています。

▼リスト2　doGet関数の追記（任意）

```
001:function myFunction() {
002:  console.log('こんにちは');
003:}
004:
005:function doGet() {
006:  return ContentService.createTextOutput('こんにちは');
007:}
```

記述できたら、再度「保存」->「デプロイ」->「新しいデプロイ」をクリックし、ウェブアプリをデプロイしてください（画面14）。

▼画面14　ウェブアプリのデプロイ

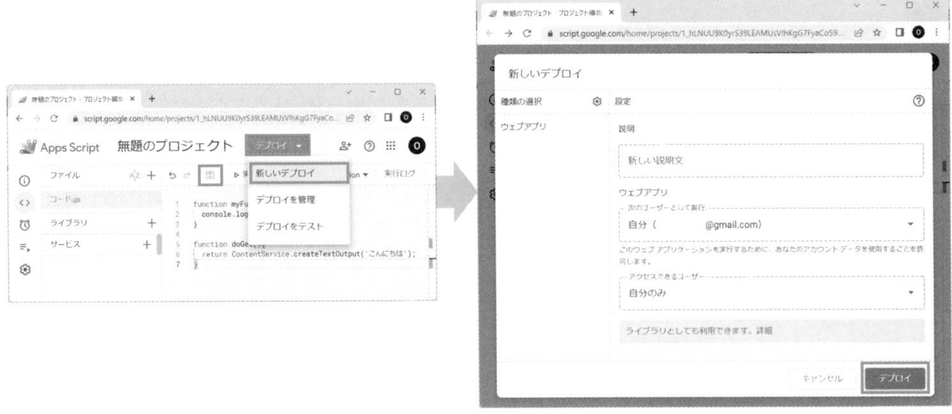

デプロイができたら、URLの「コピー」ボタンをクリックします（画面15）。

▼画面15　URLのコピー

クリップボードにデプロイしたWebアプリのURLがコピーされました。

Webブラウザで別のタブを開き、URL欄に貼り付けて、Webページにアクセスします（画面16）。

▼画面16　デプロイしたURLにアクセス

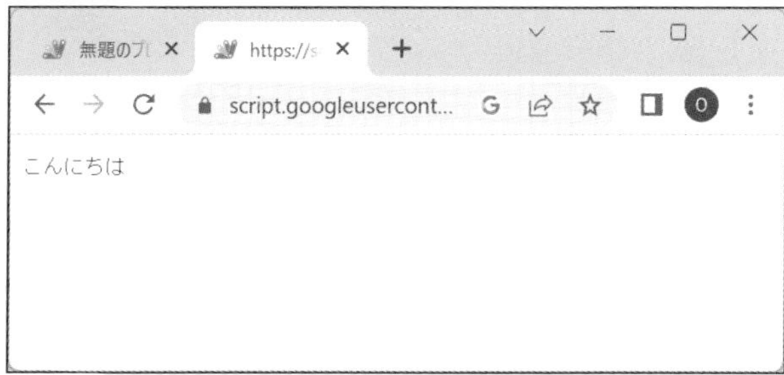

画面のように、「こんにちは」と表示されていれば成功です。

このように、Webページにアクセスしたときの命令は、doGetに記述します。

この項では、GASを公開する際のデプロイの手順を確認しました。

デバッグについて

GASにおいて**デバッグ**とは、スクリプト内のエラーや不正な動作を見つけ、修正するための作業のことを指します。

GASでは、スクリプトエディタ内にデバッグツールが用意されており、これを使ってデバッグ作業ができます。

デバッグツールを試すにあたって、プログラムの命令文が2つ以上あるほうが操作がわかりやすいため、myFunction内の命令文をコピーして次の行に貼り付けをし、「こんにちは」の部分を「こんばんは」に書き換えます（リスト3）。

▼リスト3　myFunctionへの追記をしましょう

```
function myFunction() {
  console.log('こんにちは');
  console.log('こんばんは');
}
```

ソースコードへの追記ができたら、保存をして実行してみましょう（画面17）。

▼画面17　myFunctionの実行

実行　デバッグ　myFunction　実行ログ

```
1 function myFunction() {
2   console.log('こんにちは');
3   console.log('こんばんは');
4 }
```

実行ログ

17:21:02	お知らせ	実行開始
17:21:02	情報	こんにちは
17:21:02	情報	こんばんは
17:21:02	お知らせ	実行完了

実行をすると、「実行ログ」の「情報」欄に「こんにちは」と「こんばんは」が順番に表示されています。

このように、実行時はfunction内に記述している処理は全て実行されます。エラーがない限りは、途中で処理を止めることはできません。

しかし、大規模で複雑なスクリプトを作成しているときなどは、プログラムが正しく動作しているか、1行ずつ確認したいタイミングがあります。

そのようなときに、デバッグツールを用いて、1行ずつプログラムを実行確認できる**ステップ実行**をしていきます。

ステップ実行を始まるためには、スクリプトのどの行からステップ実行を開始するのかを設定する必要があります。

スクリプトエディタ内の2行目の左横部分でクリックをし、●印が付くことを確認します（画面18）。

▼**画面18　ブレイクポイントの設定とデバッグ実行**

2

この●印を**ブレイクポイント**といい、デバッグの際に確認したい箇所に設定しておくことで、該当箇所から1行ずつプログラムを実行確認することができます。

ブレイクポイントの設定ができたら、「デバッグ」ボタンをクリックします。

「デバッグ」ボタンを押すと、ブレイクポイントとして設定した行に背景色がついています。

現在、この2行目が実行される直前の状態で、処理が止まっています。

1行分の命令を実行するために、「デバッガ」部分の左から2番目のアイコン、「ステップオーバー」のボタンをクリックします（画面19）。

▼**画面19　デバッグ画面の起動**

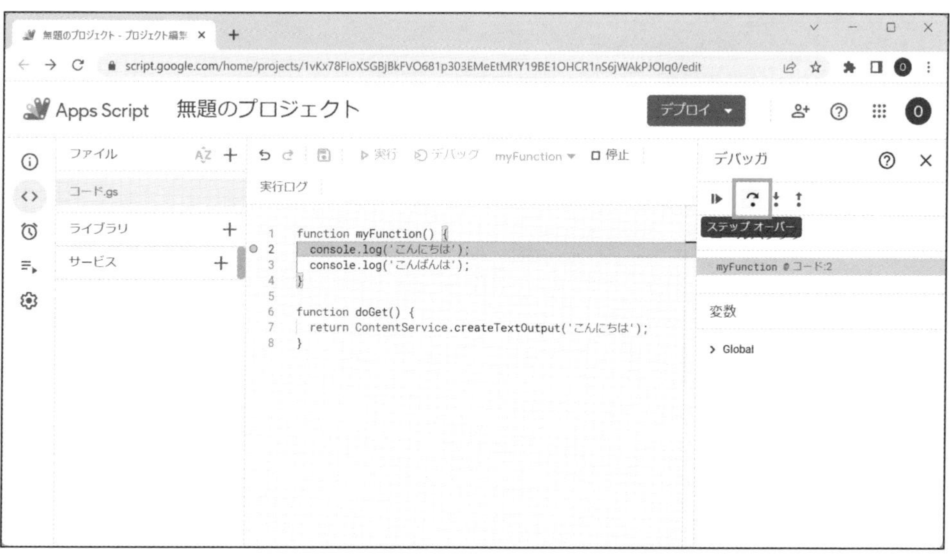

「ステップオーバー」は1行分の命令を実行できるため、2行目の処理が実行され、「実行ログ」に「こんにちは」と表示されました。

また、現在3行目に背景色がついているため、3行目の実行直前のタイミングで処理が止まっていることがわかります（画面20）。

▼**画面20　ステップオーバーを押した際の画面（1回目）**

もう1行分実行するために、再度「ステップオーバー」を押しましょう。

3行目の処理が実行され、「実行ログ」に「こんばんは」と追記されました。

また、現在4行目に背景色がついているため、4行目の実行直前のタイミングで処理が止まっていることがわかります（画面21）。

▼**画面21　ステップオーバーを押した際の画面（2回目）**

ステップ実行が確認できたため、「停止」ボタンをクリックしてデバッグを終了します。

ブレイクポイントを外したい場合は、再度同じ箇所をクリックすると、●印が○印または無印となり、ブレイクポイントを解除することができます（画面22）。

▼画面22　ブレイクポイントの解除

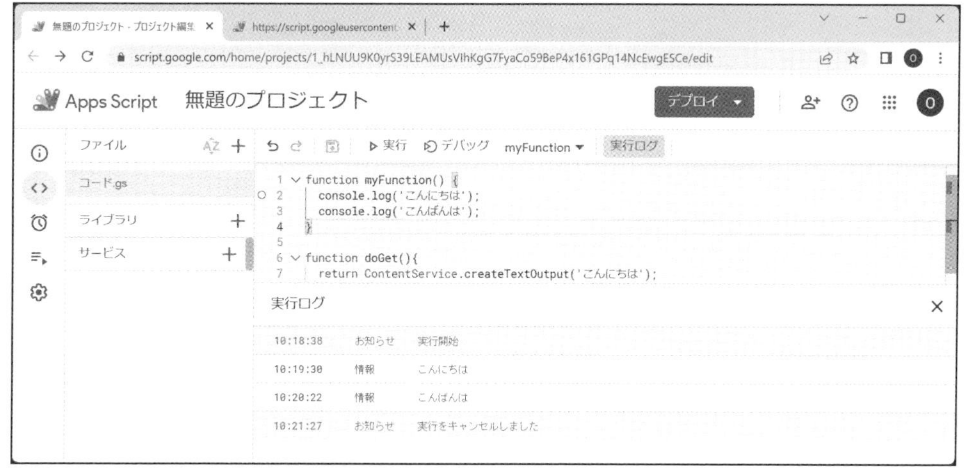

ここまで、デバッグツールにおけるステップ実行の操作手順について説明しました。

ステップ実行を活用することにより、スクリプトの実行過程を確認し、プログラムの誤りを見つけて修正することができます。

スクリプトの規模が大きく、複雑になるほど、このデバッグツールは効果的です。

ポイント

- 本節では、GASのスクリプト作成と実行の手順について説明した
- デプロイとは、スクリプトやリソースを公開することを意味する
- GASでは、スクリプトエディタ内にデバッグツールが用意されている

2-4 GASの基本構文

ログ出力について

前節では、実行の確認に「実行ログ」欄への文字の出力をしました。「実行ログ」欄は、プログラムの実行結果や実行ログ、エラー内容などを出力する場所です。

GASでは、実行ログに出力するための主な方法が2種類あります。「console」と「Logger」です。

consoleは、JavaScriptが提供するログ出力の機能です。GASでもJavaScriptと同様の機能を使用できます。

consoleを用いたログ出力の記述方法を説明します（図1）。

図1 consoleを用いたログ出力の記述方法

```
console.log(' メッセージ ');
```

console.log直後の括弧の中に、実行ログ画面に出力したいメッセージを記述します。このとき、文字は半角のシングルクォーテーション、もしくはダブルクォーテーションで囲います。

また、console.logに限らず、GASでは1つの命令文を記述するごとに、命令文の終了を示す半角セミコロンを記述します。

続いて、Loggerは、GASが提供する機能です。通常のJavaScriptでは使用できません。

Loggerを用いたログ出力の記述方法を説明します（図2）。

図2 Loggerを用いたログ出力の記述方法

```
Logger.log(' メッセージ ');
```

Logger.log直後の括弧の中に、実行ログ画面に出力したいメッセージを記述します。このとき、文字は半角のシングルクォーテーション、もしくはダブルクォーテーションで囲います。

consoleは**変数**と呼ばれる動的な値を複数個並べて出力できる機能があったり、Loggerは任意の箇所に変数を簡単に埋め込めるフォーマット機能があったりと、細かな仕様の差はありますが、単純なログ出力であればどちらも同じように使用できます。

実際にスクリプトエディタを起動し、双方を利用してみましょう。

GASプロジェクトを開き、プロジェクト内に「log_sample」という名前で新規スクリプトファイルを作成します（画面1）。

▼画面1　新規スクリプトの作成

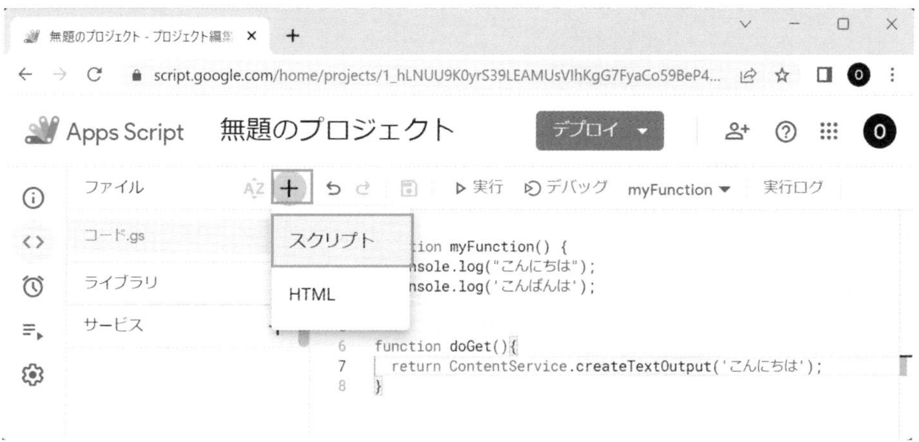

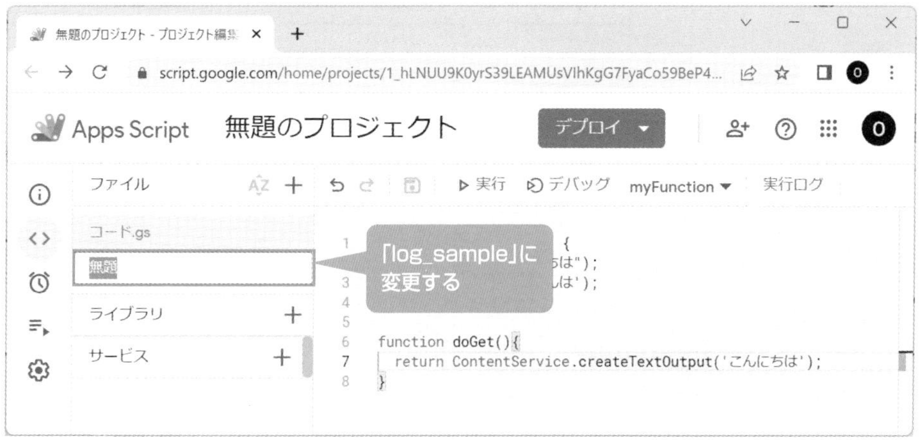

log_sample.gsを作成できたら、myFunction内に次のソースコードを記述します(リスト1)。

▼リスト1　log_sample.gs

```
function myFunction() {
  console.log('console');
  Logger.log('Logger');
}
```

ソースコードの記述ができたら、スクリプトを保存し、myFunctionを実行してください。

実行すると、実行ログに「console」と「Logger」の文字が同じように出力されていることがわかります（画面2）。

▼画面2　log_sampleの実行ログ

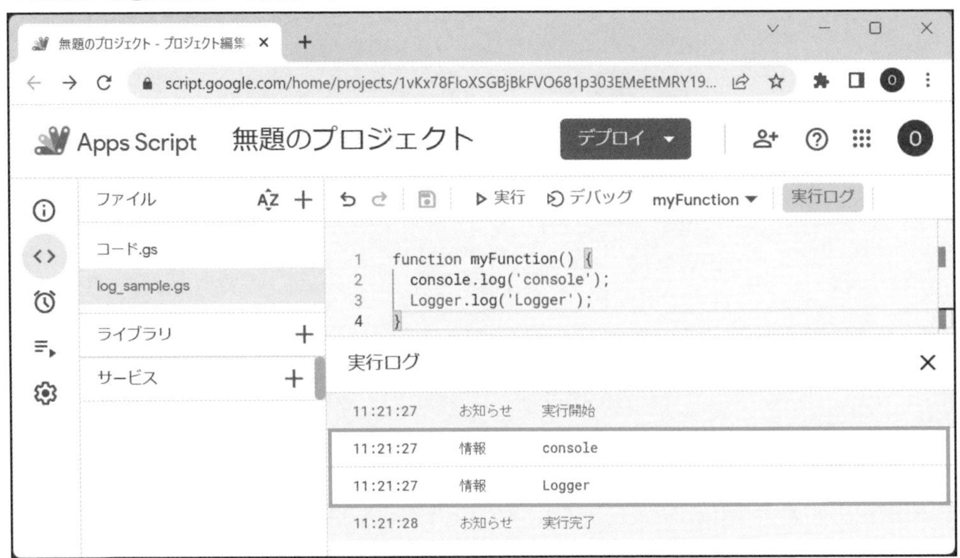

このように、consoleとLoggerはどちらもログを出力することができるものです。

本書では、ログ出力はconsoleを使用することで統一します。

コメントについて

コメントは、プログラムの実行時には無視され、プログラムの動作には影響を与えないテキストを指します。

コメントは、主に以下の目的で使用されます。

(1)コードの解説

コメントは、コードの解説や処理の意図、または実装方法を説明するために使用されます。これにより、コードの読みやすさや保守性を高めることができます。

(2)コードの除外(コメントアウト)

コメントは、コードの除外（コメントアウト）に使用されることもあります。**コメントアウト**とは、特定の行またはブロックをコメント化し、無効にすることです。コメントアウトすることで、元の記述を残したまま、特定の部分の挙動を確認することができます。

コメントの記述方法は、**行コメント**と**ブロックコメント**の2種類があります。

①行コメント

先頭に「//」を付け、コメントを記述します。このように記述することによって、行末までのテキストがコメント化されます。この方法は、1行のコメントを書く場合に使用されます(リスト2)。

▼リスト2　行コメントの記述方法

```
001:function myFunction() {
002:  // ↓コメントアウトされるため、実行されません
003:  // console.log('console');
004:  Logger.log('Logger'); // 行の途中から行コメントを記載することもできます。
005:  // ↑「//」よりも左側の記述はコメントアウトされないため、実行されます
006:}
```


上記を実行すると、4行目のみが実行対象となり、「Logger」が出力されます。

②ブロックコメント

コメントが複数行にまたがる場合に使用されます。コメント開始箇所に「/*」を記述し、終了箇所に「*/」を記述します（リスト3）。

▼リスト3　ブロックコメントの記述方法

```
001:function myFunction() {
002:  /* ブロックコメントです
003:  console.log('console'); */
004:  Logger.log('Logger');
005:}
```

リスト3を実行すると、4行目のみが実行対象となり、「Logger」が出力されます。

コメントは、プログラムの可読性や保守性を高めるために、適切に使用することが重要です。

他の人がプログラムを見た際に記述内容の意図がわかるように、プログラムの意図や動作をコメントで説明するように意識しましょう。

変数とデータ型

変数とは、プログラム中に値を格納するために使用される仮想的な箱のことです。

変数は、値を格納したり、値を取得したりすることができます（図3）。

図3　変数とは

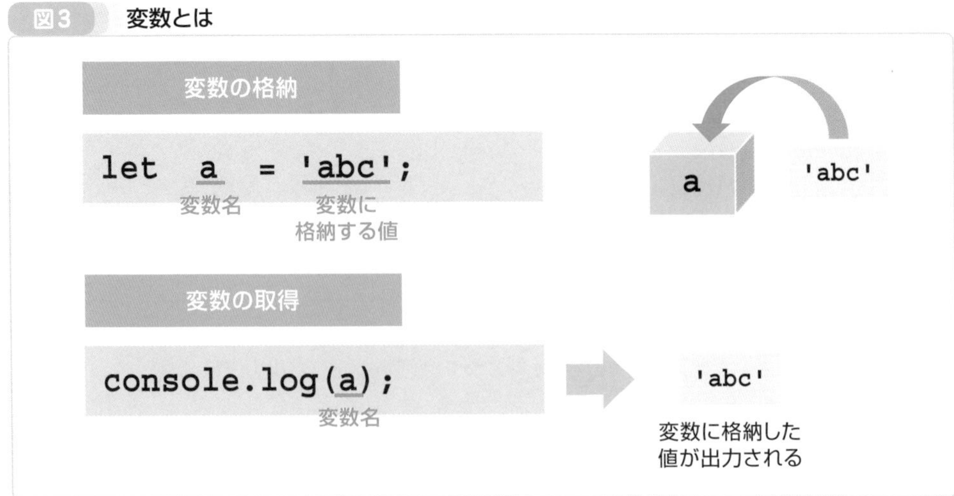

変数は、プログラムでよく使用される概念であり、GASにおいても重要な役割を持っています。適切に変数を宣言して使用することで、プログラムの可読性や保守性を高められます。

変数は、次のように記述することで宣言できます（図4）。

図4　変数の宣言

```
let 変数名;
```

変数名は一般的には小文字の英字で宣言します。

このようにして宣言された変数には、値を代入できます。**代入**とは、格納のイメージを持ってください。値の代入は、次のように記述します（図5）。

図5　変数の値の代入

```
変数名 = 値;
```

宣言した変数には何度でも値を代入して上書きできます。宣言後、1回目に値を代入することを**初期化**とも言います。

また、変数の宣言と初期化を同時に行うこともできます（図6）。

図6　変数の宣言と初期化を同時に行う

変数には、文字列だけではなく、数値や真偽値（trueまたはfalse）などの種類の値を代入できます。これらの種類を**データ型**といいます。

代表的なデータ型と、その記述方法について説明します（表1）。

▼**表1　代表的なデータ型**

型の種類	意味	値の例
String	文字列	'abc'
Number	数値	123
Boolean	真偽値 (trueかfalse)	TRUE

文字列は、シングルクォーテーションまたはダブルクォーテーションで囲う必要がありますが、数値や真偽値の場合は囲う必要がありません。

リスト4のスクリプトを新しく作成して、動作を確かめてみましょう。

▼**リスト4　definition01.gs 変数の定義とデータ型**

```
/*
 * 変数の定義とデータ型
 */
function definition01() {
  // 文字列データの定義
  let a = 'abc';
  console.log(a);

  // 数値データの定義
  let b = 123;
  console.log(b);

  // 真偽値データの定義
  let c = true;
  console.log(c);
}
```

上記のコードを実行すると、実行ログには「abc」「123」「true」が表示されます。

定数

値を上書きできる**変数**に対し、値の上書きができない**定数**を定義することもできます。

定数は、他サーバーへの接続設定用のデータなど、予期しない値の変更を防ぐ必要があるような値の定義に使用されます。

定数は次のように定義します（図7）。

図7 定数の定義

```
const 定数名 ;
```

定数名は、一般的には大文字の英字で宣言されます。小文字で宣言される変数名との区別を明確にするためです。

このように定義された定数は値の上書きができません。上書きをしようとするとエラーとなる例を確認しましょう。

リスト5のスクリプトを新しく作成して、動作を確かめてみましょう。

▼リスト5 definition02.gs 変数の定義とデータ型

```
001:/*
002: * 変数と定数
003: */
004:function definition02() {
005:  // 変数の定義
006:  let str = 'abc';
007:  // 値の上書き
008:  str = 'def';
009:  console.log(str); //上書きされた値で出力される
010:
011:  // 定数の定義
012:  const STR = 'abc';
013:  // 値の上書き
014:  STR = 'def';
015:  console.log(STR); //上の行の時点でエラーとなるため実行されない
016:}
```

上記のソースコードを実行すると、14行目の定数値の上書き部分でエラーが出て、プログラムが途中で終了します（画面3）。

▼画面3　定数の上書きをした際のエラー

エラーメッセージの「TypeError: Assignment to constant variable.」は、翻訳すると「型エラー：定数変数への代入」となります。定数に再代入しようとした場合に発生します。

また、エラーの発生場所として「definition02@ definition02.gs:14」と書いてあり、definition02.gsの14行目を確認すればよいことがわかります。

このように、実行ログのエラー部分には、エラーの原因とエラーの発生個所が書いてありますので、意図しないエラーが出た際はエラー文章とエラー発生箇所をよく確認するようにしましょう。

ここまで、変数を宣言するキーワード「let」と定数を宣言するキーワード「const」について確認できました。

変数を宣言するためのキーワードはもう1種類「var」があります。letとvarの違いについて次の項で確認します。

スコープ

スコープとは、変数や定数がどの範囲で有効かを表すものです。

letとvarはどちらも変数を宣言するために使用されるキーワードですが、スコープが異なります（図8）。

図8　変数・定数のスコープ

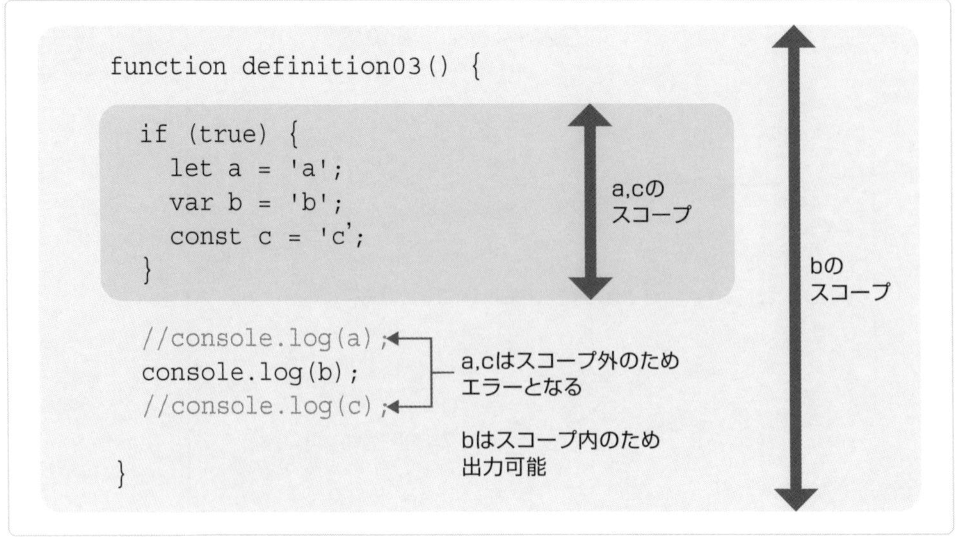

letやconstを使用した変数・定数の宣言では、ブロック（{}で囲まれた範囲）外からアクセスしようとするとエラーが発生します。

varを使用した変数宣言では、ブロック（{}で囲まれた範囲）外からアクセスしようとしても、エラーは発生しません。

上記を踏まえて、リスト6のスクリプトを作成し、実行してエラー内容を確認してみましょう。

if(true)という部分は、「if」キーワード直後の括弧内がtrueとなるときに、ブロック内の処理を実行するものです。詳しくは、後の節で学習します。

▼リスト6　definition03.gs 変数と定数のスコープ

```
/*
 * 変数と定数のスコープ
 */
function definition03() {

  if (true) {
    let a = 'a';
    var b = 'b';
    const c = 'c';
  }

  console.log(a);
  console.log(b);
  console.log(c);
}
```

リスト6のソースコードを実行すると、12行目の変数aを出力する部分でエラーが出て、プログラムが途中で終了します（画面4）。

▼画面4　スコープ外の変数を出力した際のエラー

```
↶ ↷ 💾 ▷ 実行 デバッグ definition03 ▼ 実行ログ

1  /*
2   * 変数と定数のスコープ
3   */
4  function definition03() {
5
6    if (true) {
7      let a = 'a';
8      var b = 'b';
9      const c = 'c'
10   }
11
12   console.log(a);
13   console.log(b);
14   console.log(c);
15
16 }

実行ログ ×
11:24:29  お知らせ  実行開始
11:24:29  エラー    ReferenceError: a is not defined
                    definition03 @ definition03.gs:12
```

エラーメッセージの「ReferenceError: a is not defined」は、翻訳すると「参照エラー：aの未定義」となります。このように、スコープの範囲外からは未定義とみなされ、参照することができません。

12行目の行頭に「//」をつけてコメントアウトして、実行してみましょう（リスト7）。

▼リスト7　definition03.gs 変数と定数のスコープ 12行目をコメントアウト

```
～省略～

012:  //console.log(a);
013:  console.log(b);
014:  console.log(c);
～省略～
```

リスト7のソースコードを実行すると、12行目はコメントアウトされているため実行されていません。

13行目はbがvarで宣言されているためスコープ内となり、出力されています。

14行目はcがconstで宣言されているためスコープ外となり、参照エラーが出ます（画面5）。

▼画面5　スコープ外の変数を出力した際のエラー(2)

```
1  /*
2   * 変数と定数のスコープ
3   */
4  function definition03() {
5
6    if (true) {
7      let a = 'a';
8      var b = 'b';
9      const c = 'c'
10   }
11
12   //console.log(a);
13   console.log(b);
14   console.log(c);
15
16 }
```

実行ログ

11:25:10	お知らせ	実行開始
11:25:09	情報	b
11:25:10	エラー	ReferenceError: c is not defined definition03 @ definition03.gs:14

14行目もエラーとなることを確認できたため、コメントアウトして再度実行します（リスト8）。

▼リスト8　definition03.gs 変数と定数のスコープ 14行目をコメントアウト

```
～省略～

012:  //console.log(a);
013:  console.log(b);
014:  //console.log(c);
～省略～
```

リスト8のソースコードを実行すると、実行可能な行のみが処理され、スクリプトが正常に終了していることを確認できます（画面6）。

▼画面6　正常終了時

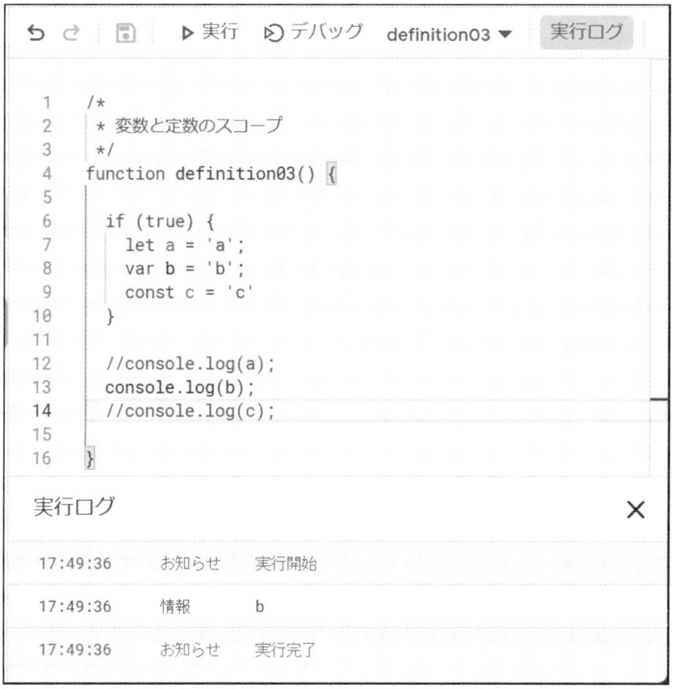
実行
デバッグ
definition03
実行ログ
/*
* 変数と定数のスコープ
*/
function definition03() {
if (true) {
let a = 'a';
var b = 'b';
const c = 'c'
}
//console.log(a);
console.log(b);
//console.log(c);
}
実行ログ
17:49:36 お知らせ 実行開始
17:49:36 情報 b
17:49:36 お知らせ 実行完了

ここまで、letとvar、constのスコープについて確認できました。

letとvar、constはスコープの範囲のほかにも、次の表2のような違いを持っています。

▼表2　let / const とvarの違い

	let / const	var
有効範囲（スコープ）	ブロック内	プログラム全体
宣言前にアクセスした際のエラー	あり	なし
同じ変数名（定数名）の再宣言	できない	できる

letやconstを使用した変数・定数の宣言では、変数の宣言前にアクセスするとエラーが発生します。また、同じ名前の変数や定数を再宣言することはできません。

varを使用した変数宣言では、変数の宣言前にアクセスしてもエラーは発生しません。また、同じ名前の変数を再宣言することができます。

リスト9のスクリプトを新しく作成して、動作を確かめてみましょう。

▼リスト9　definition04.gs 宣言前のアクセス

```
/*
 * 宣言前のアクセス
 */
function definition04() {
```

```
005:
006:  console.log(a);
007:  console.log(b);
008:  console.log(c);
009:
010:  let a = 'a';
011:  var b = 'b';
012:  const c = 'c';
013:
014:  console.log(a);
015:  console.log(b);
016:  console.log(c);
017:}
```

リスト9のソースコードを実行すると、6行目のaを出力する部分で「ReferenceError: Cannot access 'a' before initialization」とエラーが出ます。これは翻訳すると「参照エラー：初期化前に 'a' にアクセスできません」となります。そして、このようにエラーが出ると、その後に書いてある処理は実行されません（画面7）。

▼画面7　宣言前のアクセスでエラーとなる

▷ 実行　デバッグ　definition04 ▼　実行ログ

```
1   /*
2    * 宣言前のアクセス
3    */
4   function definition04() {
5
6     console.log(a);
7     console.log(b);
8     console.log(c);
9
10    let a = 'a';
11    var b = 'b';
12    const c = 'c';
13
14    console.log(a);
15    console.log(b);
16    console.log(c);
17  }
```

実行ログ　×

11:25:46	お知らせ	実行開始
11:25:46	エラー	ReferenceError: Cannot access 'a' before initialization definition04 @ definition04.gs:6

このように、aやcはそれぞれlet,constで宣言されているため、宣言前にアクセスするとエラーが出ます。一方で、bはvarで宣言されているため、宣言前にアクセスしてもエラーが出ないはずです。

このことを確認するために、6行目と8行目をコメントアウトして、実行してみましょう（リスト10）。

▼リスト10　definition04.gs 宣言前のアクセス 6,8行目をコメントアウト

```
～省略～

006:  //console.log(a);
007:  console.log(b);
008:  //console.log(c);
～省略～
```

リスト10のソースコードを実行すると、実行可能な行のみが処理され、スクリプトが正常に終了していることを確認できます（画面8）。

▼画面8　正常終了時

変数bの初期化は11行目で行われるため、7行目の時点では未定義をあらわす「undefined」が出力されています。

ここまで、letとvar、constの違いについて確認できました。

演算子

演算子はプログラムで値を操作するための記号や文字列です。GASで使用できる演算子には、**算術演算子、比較演算子、論理演算子、代入演算子**などがあります。

以下に、主な演算子について説明します。

(1) 算術演算子

算術演算子は、主に数値型の値を操作するために使用されます（表3）。

▼表3　算術演算子

演算子	説明	記述例
+	aとbを加算する	a + b
-	aからbを減算する	a - b
*	aとbを乗算する	a * b
/	aをbで除算する	a / b
%	aをbで除算した余りを求める	a % b
-	aの符号を反転させる	-a
++	aに1を加算する	a++ または ++a
--	aから1を減算する	a-- または --a

それぞれの算術演算子の動作を確かめてみましょう（リスト11）。

▼リスト11　arithmetic.gs 算術演算子の確認

```
/*
 * 算術演算子
 */
function arithmetic() {
  let a = 10;
  let b = 3;

  //加算
  console.log(a + b);

  //減算
  console.log(a - b);

  //乗算
```

```
015:  console.log(a * b);
016:
017:  //除算
018:  console.log(a / b);
019:
020:  //剰余
021:  console.log(a % b);
022:
023:  //反転
024:  console.log(-a);
025:
026:  //aに1を加算する
027:  a++;
028:  console.log(a);
029:
030:  //aから1を減算する
031:  a--;
032:  console.log(a);
033:
034:}
```

リスト11のソースコードを実行すると、それぞれの算術結果が表示されます（画面9）。

▼画面9　算術演算子の実行結果

実行ログ

11:35:21	お知らせ	実行開始
11:35:21	情報	13
11:35:21	情報	7
11:35:21	情報	30
11:35:21	情報	3.3333333333333335
11:35:21	情報	1
11:35:21	情報	-10
11:35:21	情報	11
11:35:21	情報	10
11:35:22	お知らせ	実行完了

リスト11の31行目のa--は、27行目で1を加算された状態のaから1を引いていることになるため、11から1を引いて10となっています。

また、加算の演算子「+」を使用して2つの文字列を連結することもできます。
リスト12のスクリプトを新しく作成して、動作を確かめてみましょう。

▼リスト12　addStr01.gs 文字列の連結

```
001:/*
002: * 文字列の連結
003: */
004:function addStr01() {
005:
006:  let str1 = 'Hello';
007:  let str2 = 'world';
008:  let str3 = str1 + ' ' + str2; // 'Hello world'
009:  console.log(str3);
010:
011:}
```

リスト12の8行目の部分では、3つも文字列を連結しています。変数str1と、半角スペースと、変数str2です。
そのため、上記のコードを実行すると次の画面10のような表示となります。

▼画面10　文字列の連結

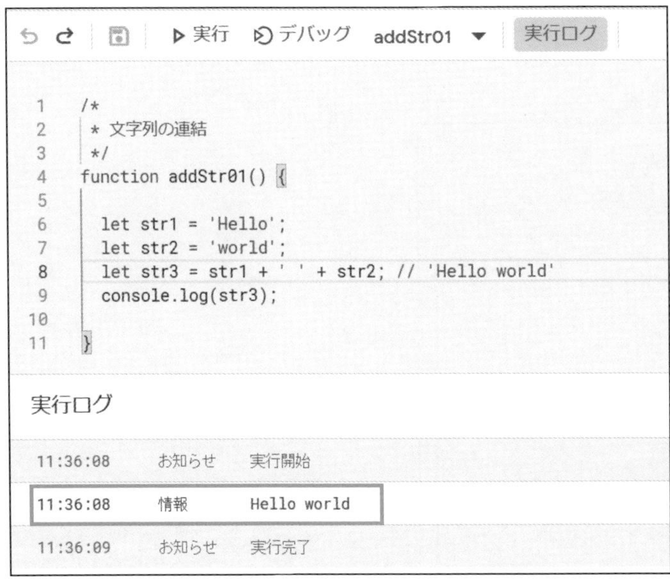

3つの文字列が連結され、Hello worldが出力されています。
また、文字列と他のデータ型（数値や真偽値など）を+演算子で連結することもできます。
この場合、他のデータ型が自動的に文字列に変換されてから連結されます。

リスト13のスクリプトを新しく作成して、動作を確かめてみましょう。

▼リスト13　addStr02.gs 文字列と数値の連結

```
001:/*
002: * 文字列と数値の連結
003: */
004:function addStr02() {
005:
006:  let str1 = 'Hello';
007:  let num1 = 123;
008:  let str2 = str1 + num1; // 'Hello123'
009:  console.log(str2);
010:
011:}
```

リスト13の8行目の部分では、num1の数値「123」が文字列として変換されたうえで、連結されます。

そのため、リスト13のコードを実行すると次の画面11のような表示となります。

▼画面11　文字列と数値の連結

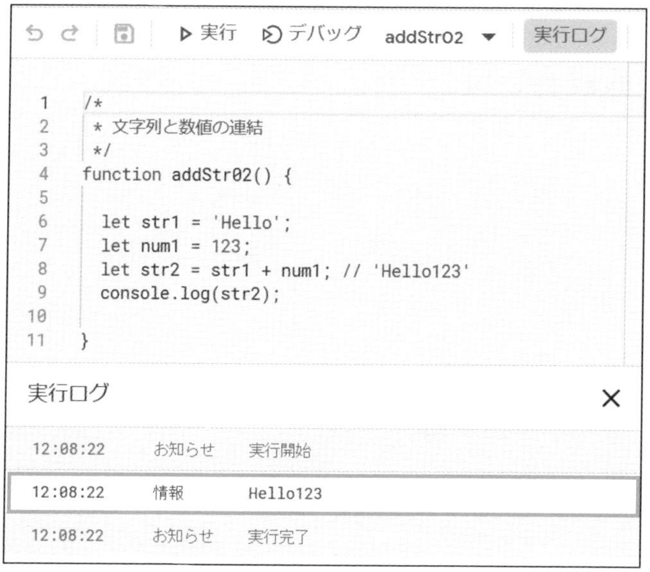

```
実行　デバッグ　addStr02　実行ログ

/*
 * 文字列と数値の連結
 */
function addStr02() {

  let str1 = 'Hello';
  let num1 = 123;
  let str2 = str1 + num1; // 'Hello123'
  console.log(str2);

}

実行ログ
12:08:22　お知らせ　実行開始
12:08:22　情報　Hello123
12:08:22　お知らせ　実行完了
```

ここまで、算術演算子について説明しました。

(2) 比較演算子

比較演算子は、2つの値を比較して、結果をtrueまたはfalseの真偽値で返却します（表4）。

▼**表4　比較演算子**

演算子	説明	記述例
==	aとbの値が等しければtrue そうでなければfalse	a == b
===	aとbの値と型が等しければtrue そうでなければfalse	a === b
!=	aとbの値が等しくなければtrue そうでなければfalse	a != b
!==	aとbの値と型が等しくなければtrue そうでなければfalse	a !== b
>	aの値がbの値よりも大きければtrue そうでなければfalse	a > b
>=	aの値がbの値以上であればtrue そうでなければfalse	a >= b
<	aの値がbの値よりも小さければtrue そうでなければfalse	a < b
<=	aの値がbの値以下であればtrue そうでなければfalse	a <= b

それぞれの比較演算子の動作を確かめてみましょう（リスト14）。

▼**リスト14　comparison.gs 比較演算子の確認**

```
/*
 * 比較演算子
 */
function comparison() {
  let a = 10;
  let b = 3;

  //左辺と右辺の値が等しい
  console.log(a == b);

  //左辺と右辺の値と型が等しい
  console.log(a === 10);

  //左辺と右辺の値が等しくない
  console.log(a != b);

  //左辺と右辺の値と型が等しくない
```

```
  console.log(a !== 10);

  //左辺が右辺よりも大きい
  console.log(a > b);

  //左辺が右辺以上
  console.log(a >= b);

  //左辺が右辺よりも小さい
  console.log(a < b);

  //左辺が右辺以下
  console.log(a <= b);

}
```

リスト14のコードを実行すると次の画面12のような表示となります。

▼画面12　関係演算子の実行結果

実行ログ

11:38:33	お知らせ	実行開始
11:38:32	情報	false
11:38:32	情報	true
11:38:32	情報	true
11:38:32	情報	false
11:38:32	情報	true
11:38:32	情報	true
11:38:32	情報	false
11:38:32	情報	false
11:38:33	お知らせ	実行完了

ここまで、関係演算子について説明しました。

(3) 論理演算子

論理演算子は、真偽値を扱うための演算子です。主に制御フローの制御や、条件分岐に使用されます（表5）。

▼表5　論理演算子

<table>
<tr><th>演算子</th><th>説明</th><th>記述例</th></tr>
<tr><td>&&</td><td>論理積：aとbが両方ともtrueのときtrue
そうでなければfalse</td><td>a && b</td></tr>
<tr><td>||</td><td>論理和：aとbの片方あるいは両方がtrueのときtrue
そうでなければfalse</td><td>a || b</td></tr>
<tr><td>!</td><td>論理否定：aの値がtrueのときfalse
falseのときtrue</td><td>!a</td></tr>
</table>

それぞれの論理演算子の動作を確かめてみましょう（リスト15）。

▼リスト15　logical.gs 論理演算子の確認

```
/*
 * 論理演算子
 */
function logical() {
  let a = 10;
  let b = 3;
  let c = 5;

  //論理積
  console.log(a > b && a > c);
  console.log(b > a && a > c);

  //論理和
  console.log(a > b || a > c);
  console.log(b > a || a > c);

  //論理否定
  console.log(!(a > b));
  console.log(!(b > a));

}
```

リスト15のコードを実行すると次の画面13のような表示となります。

▼画面13　論理演算子の実行結果

実行ログ

11:39:23	お知らせ	実行開始
11:39:22	情報	true
11:39:22	情報	false
11:39:22	情報	true
11:39:22	情報	true
11:39:22	情報	false
11:39:22	情報	true
11:39:23	お知らせ	実行完了

ここまで、関係演算子について説明しました。

(4)代入演算子

代入演算子は、左辺の変数に右辺の値を代入するために使用されます（表6）。

▼表6　代入演算子

演算子	説明	記述例
=	aにbを代入	a = b
+=	aにa + bを代入	a += b
-=	aにa - bを代入	a -= b
*=	aにa * bを代入	a *= b
/=	aにa / bを代入	a /= b
%=	aにa % bを代入	a %= b

それぞれの代入演算子の動作を確かめてみましょう（リスト16）。

▼リスト16　assignment.gs 代入演算子の確認

```
/*
 * 代入演算子
 */
function assignment() {
  let a = 10;
  let b = 3;

  //aにbを代入
  a = b;
  console.log(a);
```

```

  //aにa + bを代入
  a += b;
  console.log(a);

  //aにa - bを代入
  a -= b;
  console.log(a);

  //aにa * bを代入
  a *= b;
  console.log(a);

  //aにa / bを代入
  a /= b;
  console.log(a);

  //aにa % bを代入
  a %= b;
  console.log(a);

}
```

リスト16のコードを実行すると次の画面14のような表示となります。

▼画面14　代入演算子の実行結果

実行ログ

11:40:04	お知らせ	実行開始
11:40:04	情報	3
11:40:04	情報	6
11:40:04	情報	3
11:40:04	情報	9
11:40:04	情報	3
11:40:04	情報	0
11:40:05	お知らせ	実行完了

ここまで、代入演算子について説明しました。

また、演算子は優先順位を持っており、式の評価の際には優先順位に従って評価されます。表7にGASにおける演算子の優先順位を示します。

▼表7　演算子の優先順位

<table>
<tr><th>優先順位</th><th>演算子</th><th>結合規則</th></tr>
<tr><td>高</td><td>( )</td><td>→</td></tr>
<tr><td>↑</td><td>++（後置）--（後置）</td><td>→</td></tr>
<tr><td></td><td>++（前置） --（前置） +（符号）-（符号）!</td><td>←</td></tr>
<tr><td></td><td>*　/　%</td><td>→</td></tr>
<tr><td></td><td>+　-</td><td>→</td></tr>
<tr><td></td><td>>　>=　<　<=</td><td>→</td></tr>
<tr><td></td><td>==　!=</td><td>→</td></tr>
<tr><td></td><td>&&</td><td>→</td></tr>
<tr><td>↓</td><td>||</td><td>→</td></tr>
<tr><td>低</td><td>=　+=　-=　*=　/=　%=</td><td>←</td></tr>
</table>

優先順位が高い演算子は、評価される順序が優先されます。また、優先順位を変更するためには、明示的に()を使用してグループ化します。

関数

関数は、プログラムの再利用性と保守性を高めるために、複数の場所で呼び出すことができるコードのブロックです。

これまで実行ログへの出力をするために使用してきたconsole.logも、GASが提供する関数のひとつです。本来であれば、実行ログに文字を出力するためにはさまざまなプログラムを書かなければいけませんが、「console.log」のみの記述で実現できているのは、本来必要な記述が書かれている関数の呼び出しをしているためです（図9）。

図9　関数の利用例

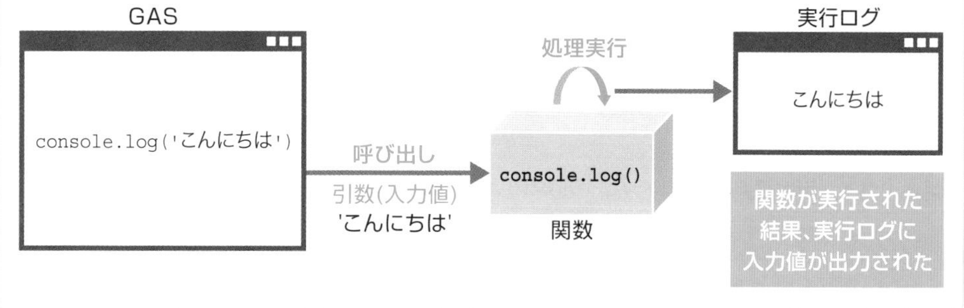

「console.log」は括弧内に渡された値を実行ログに出力する処理がまとまった関数のため、GASから「console.log(入力値)」のように記述すると、入力値が出力されます。

このとき、入力値を**引数**と呼びます。

関数はこのように、既に提供されているものを呼び出して利用することもできますし、自分で定義することもできます。

関数の定義方法は次の通りです（図10）。

図10 関数の定義方法

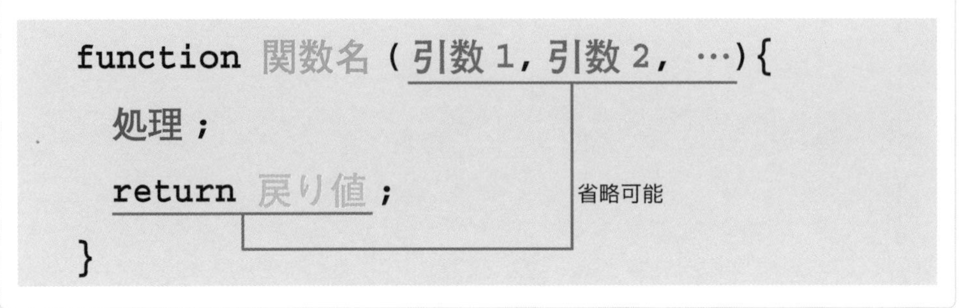

関数を定義するには、まず、functionのあとに関数名を指定します。

関数名とは、関数を定義する際に設定する名前のことであり、関数を呼び出す際に使用されます。関数名は任意の名前をつけることができますが、一般的には関数が何を行うかがわかるような名前をつけることが望ましいです。

関数名を指定したあとには、括弧で**引数**を記述します。引数とは、関数が実行される際に渡される値のことです。

引数は必須ではありません。引数を持たない関数も定義することができます。

また、引数が複数ある場合は、カンマで区切ります。

関数の中には処理を書くことができ、最後にreturn文を使用することで、呼び出し元へ値を返すことができます。これを**戻り値**といいます。

戻り値は必ずしも必要ではありません。関数が戻り値を持たない場合は、return文を省略することができます。

定義した関数の呼び出しをするには、関数名を記述し、必要に応じて引数を指定します。また、呼び出す関数が戻り値を持つ場合は、戻り値を受け取るための変数を用意して代入します。

リスト17のスクリプトを新規作成し、関数の作成と呼び出しを確認しましょう。

▼リスト17 sampleFunction.gs 関数の作成と呼び出し

```
/*
 * 加算を行う関数の定義
 */
function add(x , y) {
```

```
  return x + y;
}

/*
 * 関数の呼び出し
 */
function sampleFunction(){
  let sum = add(10,3);
  console.log(sum);
}
```

ここでは、2つの引数を受け取り、加算した結果を戻すadd関数を定義しています。

リスト17のコードを記述できたら、「sampleFunction」を選択して実行してください（画面15）。

▼画面15　実行する関数の選択

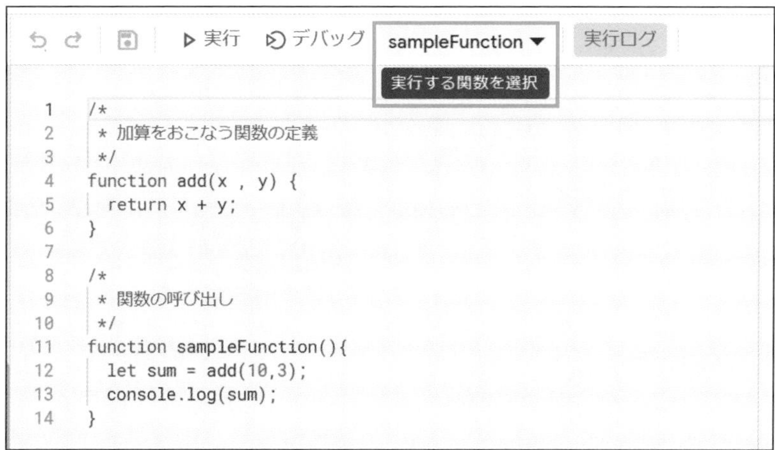

sampleFunctionを実行すると、次の画面16のような表示となります。

▼画面16　関数の作成と呼び出しの実行結果

実行ログ

11:42:54	お知らせ	実行開始
11:42:54	情報	13
11:42:55	お知らせ	実行完了

また、1つのプロジェクトに同じ名前の関数が複数定義されている場合、ファイルの下のほうにある関数が実行されます。

リスト18のスクリプトを新しく作成しましょう。

▼リスト18　sampleFunction2.gs 関数の作成と呼び出し

```
/*
 * 加算を行う関数の定義
 */
function add(x , y) {
  return x + '+' + y + 'は' + x + y + 'です';
}

/*
 * 関数の呼び出し
 */
function sampleFunction(){
  let sum = add(10,3);
  console.log(sum);
}
```

リスト18のコードを保存したうえで、先ほど作成した「sampleFunction.gs」のほうで、sampleFunctionを実行してみましょう（画面17）。

▼画面17　sampleFunction.gsの選択

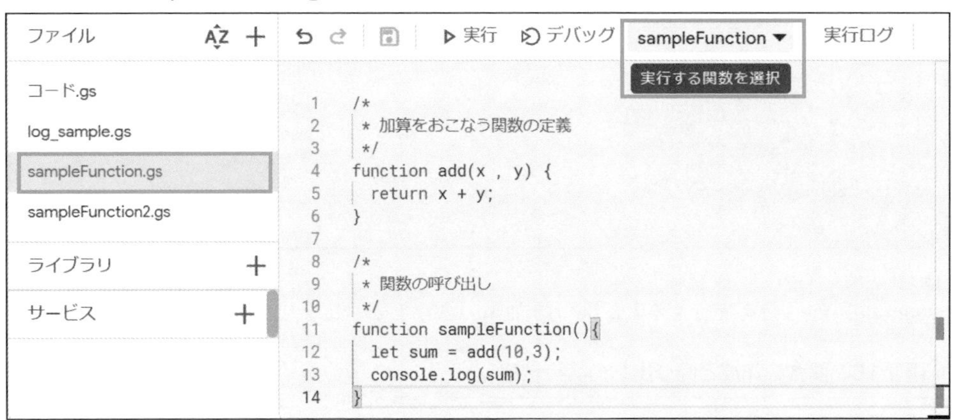

sampleFunctionを実行すると、次の画面18のような表示となります。

▼画面18　同じ名前の関数が定義されている場合の実行結果

現在開いている「sampleFunction.gs」内に書かれているものではなく、後から記述した「sampleFunction2.gs」のほうに書かれている内容が実行されていることがわかります。

このように、関数が意図しない動きをした際は、プロジェクト内で関数の重複がないか確認しましょう。

配列

配列は、複数の値を1つの変数にまとめたデータ構造のことを指します。

同じような意味をもつ変数名が増えてくると、管理が大変です。そこで、配列を使用することで、1つの変数で複数の値を管理することができます（図11）。

図11　配列を使わない場合と使う場合の違い

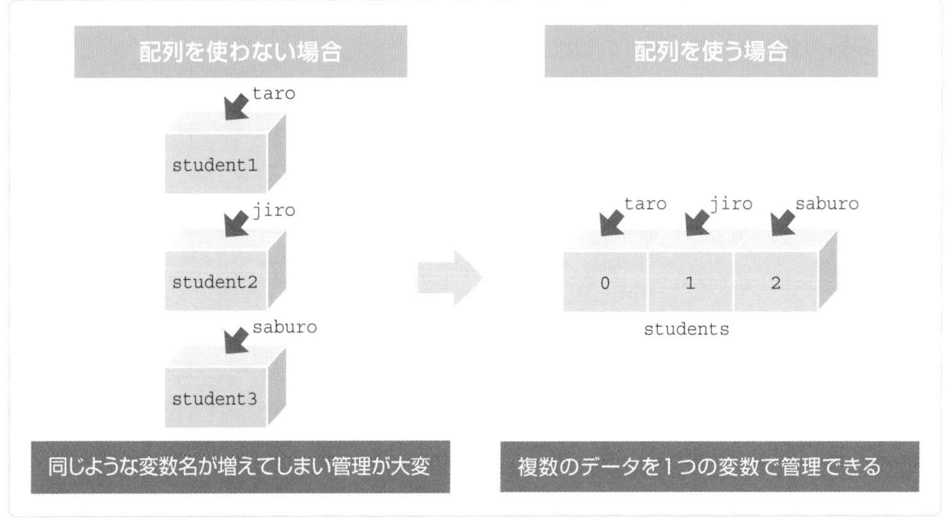

配列は、次のように宣言します（図12）。

図12 配列の宣言方法

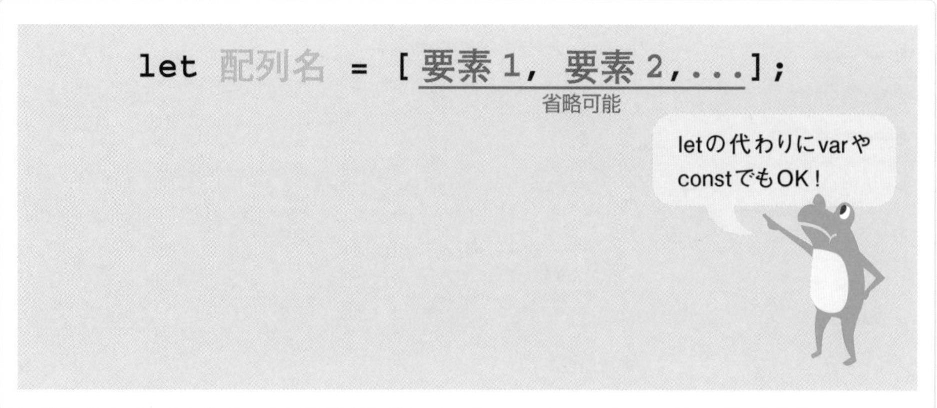

let 配列名 = [要素 1, 要素 2,...];
省略可能
letの代わりにvarや
constでもOK！

配列名は、letやvar、constなどのキーワードで宣言できます。イコールの右側を[]で囲い、カンマ区切りで要素を定義するところが特徴です。

配列の要素には、数値、文字列、真偽値など様々なデータ型の値を格納することができます。

また、変数に格納した値にアクセスしたいときは変数名を記述していたように、配列も、配列名を記述して格納した値にアクセスします。ただし、配列の各要素に格納した値を特定するために、先頭が「0」から始まるインデックス番号を指定します。次の図13は、配列にアクセスする例です。

図13 配列の要素へのアクセス

配列名 [要素番号]

リスト19のスクリプトを新しく作成しましょう。

▼リスト19　sampleArray.gs 配列の定義と要素の取り出し

```
/*
 * 配列の定義と要素の取り出し
 */
function sampleArray() {
  let students = ['taro','jiro','saburo'];

  console.log(students[0]);
  console.log(students[1]);
  console.log(students[2]);
```

```
010:}
```

リスト19のスクリプトを実行すると、次の画面19のような表示となります。

▼画面19　sampleArrayの実行結果

```
↶ ↷ 💾 ▷ 実行 デバッグ sampleArray ▼ 実行ログ

/*
 * 配列の定義と要素の取り出し
 */
function sampleArray() {
  let students = ['taro','jiro','saburo'];

  console.log(students[0]);
  console.log(students[1]);
  console.log(students[2]);
}
```

実行ログ

11:51:20	お知らせ	実行開始
11:51:19	情報	taro
11:51:19	情報	jiro
11:51:19	情報	saburo
11:51:20	お知らせ	実行完了

また、変数に値を代入するときは、変数名にイコールで代入したい値を書いていました。

同様に、配列の要素に値を代入する場合は、次の図14のようにインデックス番号を指定して、値を代入します。

図14　配列の要素への値の代入

```
配列名 [ 要素番号 ] = 値 ;
```

sampleArrayの配列宣言の直後で、1番目の要素を書き換えましょう（リスト20)。

▼リスト20　sampleArray.gs 6行目の追加 配列の要素の上書き

```
001:/*
002: * 配列の定義と要素の取り出し
003: */
004:function sampleArray() {
005:  let students = ['taro','jiro','saburo'];
```

```
  students[0] = 'ichiro';

  console.log(students[0]);
  console.log(students[1]);
  console.log(students[2]);
}
```

リスト20のスクリプトを実行すると、次の画面20のような表示となります。

▼画面20　sampleArrayの実行結果

1番目の要素が上書きされた結果が出力されています。

また、配列の要素数は、次の図15のように記述して取得することができます。

図15　配列の要素数の取得方法

```
配列名 .length
```

sampleArrayに追記をし、配列の要素数を取得しましょう（リスト21）。

▼リスト21　sampleArray.gs 11行目の追加 配列の要素数を取得

```
001:/*
002: * 配列の定義と要素の取り出し
003: */
004:function sampleArray() {
005:  let students = ['taro','jiro','saburo'];
006:  students[0] = 'ichiro';
007:
008:  console.log(students[0]);
009:  console.log(students[1]);
010:  console.log(students[2]);
011:  console.log(students.length);
011:}
```

リスト21のスクリプトを実行すると、次の画面21のような表示となります。

▼画面21　sampleArrayの実行結果

students配列には3つの要素が格納されているため、students.lengthの結果が3となっています。

.lengthは関数の呼び出しではなく、**プロパティ**と呼ばれる属性名の呼び出しのため、括弧()

の記述はしません。

ここまで、インデックス番号によって要素を管理する配列の操作方法について学習しました。

配列は0から始まるインデックス番号の他にも、任意の文字列でインデックスを管理することもできます。そのような配列を**連想配列**といいます。また、インデックスの文字列を**キー**といいます。

連想配列の宣言方法は次の図16の通りです。

図16 連想配列の宣言方法

```
let 連想配列名 = { キー名1: 要素1, キー名2: 要素2,...};
(var,const)
```

配列と異なる点は、[]ではなく{}で括って宣言をするところです。また、カンマ区切りでキー名：要素のように要素を定義していきます。

要素を取り出す際は、配列のときと同様に配列名.[インデックス]のように指定します。

リスト22のスクリプトを新しく作成して、動作を確かめてみましょう。

▼リスト22 sampleArray2.gs 連想配列の定義

```
/*
 * 連想配列
 */
function sampleArray2() {
  let students = { name:'taro', age:15, city:'Tokyo'};

  console.log(students['name']);
  console.log(students['age']);
  console.log(students['city']);
}
```

リスト22のスクリプトを実行すると、次の画面22のような表示となります。

▼**画面22　sampleArray2の実行結果**

実行ログ

11:54:06	お知らせ	実行開始
11:54:06	情報	taro
11:54:06	情報	15
11:54:06	情報	Tokyo
11:54:06	お知らせ	実行完了

このように、連想配列は、配列のインデックスに文字列を使用することにより、様々な種類のデータを格納することができます。

例外処理

GASにおける「例外」とは、エラーの一種であり、スプレッドシートの範囲外にアクセスしようとした場合や、権限が不足している場合など、プログラムの実行中に予期しない状況となった場合に発生するものです。

ここまで、何かエラーや例外が発生したときには、スクリプトが強制終了し、エラーの発生個所以降の処理が実行されませんでした。

ただし、実際にはエラーや例外が発生したときには、ログ用のファイルにエラーログを出力したり、ユーザーに適切なメッセージを表示させたりと、スクリプトが終了するよりも前に実施したいことがあります。

そこで、**例外処理**を設定しておくと、スクリプトの実行中にエラーや例外が発生した場合の処理を記述することができます（図17）。

図17　例外処理のイメージ

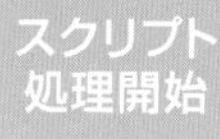

例外処理を記述していない場合

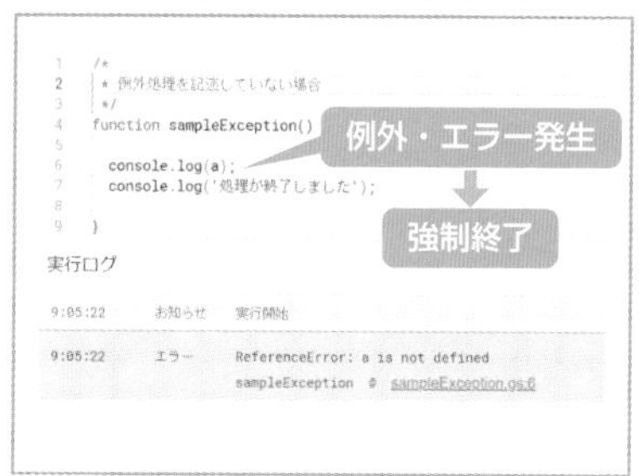

エラーや例外が発生した時点で強制終了し、以降の処理は実行されない

例外処理を記述している場合

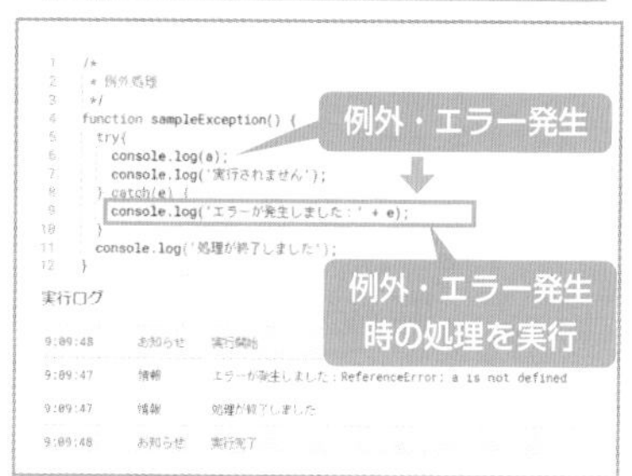

エラーや例外が発生した場合に特定の処理を実行できる

GASでは、**try-catch文**を使って例外処理を行います。tryブロック内で例外が発生すると、該当の例外に応じたcatchブロックが実行されます。

次の図18は、例外処理の基本的な形です。

図18 例外処理の記述方法

```
try {
  // エラーや例外が発生する可能性のある処理
} catch (e) {
  // エラーや例外が発生した場合の処理
}
```

tryブロック内で例外が発生しなかった場合は、catchブロックは実行されません。また、catchブロックで処理を実行した後、try-catch文の後続のコードが実行されます。

リスト23のスクリプトを新しく作成して、動作を確かめてみましょう。

▼リスト23 sampleException.gs 例外処理

```
/*
 * 例外処理
 */
function sampleException() {
  try{
    console.log(a);
    console.log('実行されません')
  } catch(e) {
    console.log('エラーが発生しました：' + e);
  }
  console.log('処理が終了しました');
}
```

リスト23のスクリプトを実行すると、次の画面23のような表示となります。

▼画面23　sampleExceptionの実行結果

```
1   /*
2    * 例外処理
3    */
4   function sampleException() {
5     try{
6       console.log(a);
7       console.log('実行されません');
8     } catch(e) {
9       console.log('エラーが発生しました：' + e);
10    }
11    console.log('処理が終了しました');
12  }
```

実行ログ

9:09:48	お知らせ	実行開始
9:09:47	情報	エラーが発生しました：ReferenceError: a is not defined
9:09:47	情報	処理が終了しました
9:09:48	お知らせ	実行完了

6行目で変数aを出力しようとしていますが、aという名前の変数は定義されていないため、未定義エラーが発生します。このエラーをcatchブロックでキャッチし、エラーメッセージをログに出力します。

例外が発生した場合は、catchブロックで**例外オブジェクト**を取得できます。ここでは、eという変数名で例外オブジェクトを受け取っています。

例外オブジェクトには、例外の詳細な情報が含まれています。console.log内に変数名を記述することによって、エラーメッセージを取得できます。

ここまで、GASの基本構文について説明しました。

ポイント

- 本節では、GASの基本構文について説明した
- GASでは、実行ログに出力するための主な方法が「console」と「Logger」の2種類ある
- コメントは、プログラムの可読性や保守性を高めるために、適切に使用することが重要
- 適切に変数や定数、配列、関数を宣言して使用することで、プログラムの可読性や保守性を高められる
- スコープは、変数や定数がどの範囲で有効かを表すものであり、宣言するときのキーワードによってスコープが異なる
- 演算子はプログラムで値を操作するための記号や文字列であり、算術演算子、比較演算子、論理演算子、代入演算子などが使用できる
- try-catch文を使って実行中に発生したエラーや例外をキャッチし、例外発生時の処理を定義することができる

2-5 構造化プログラミング

構造化プログラミングとは？

この節では、**構造化プログラミング**について学習します。

構造化プログラミングは、複雑なプログラムの保守性や品質を高めるために、特定のプログラミング構造の使用を推奨する考え方の一つです。

構造化プログラミングでは、以下の3つの構造を組み合わせてプログラムを作成します（図1）。

(1) 順次

プログラムが順番に1つずつ命令を実行する構造

(2) 分岐

条件式に基づいてその後の処理を分岐させる構造

(3) 反復（ループ）

終了を判定するための条件が満たされるまで、同じ処理を複数回繰り返す構造

図1 プログラミングにおける３つの基本構造

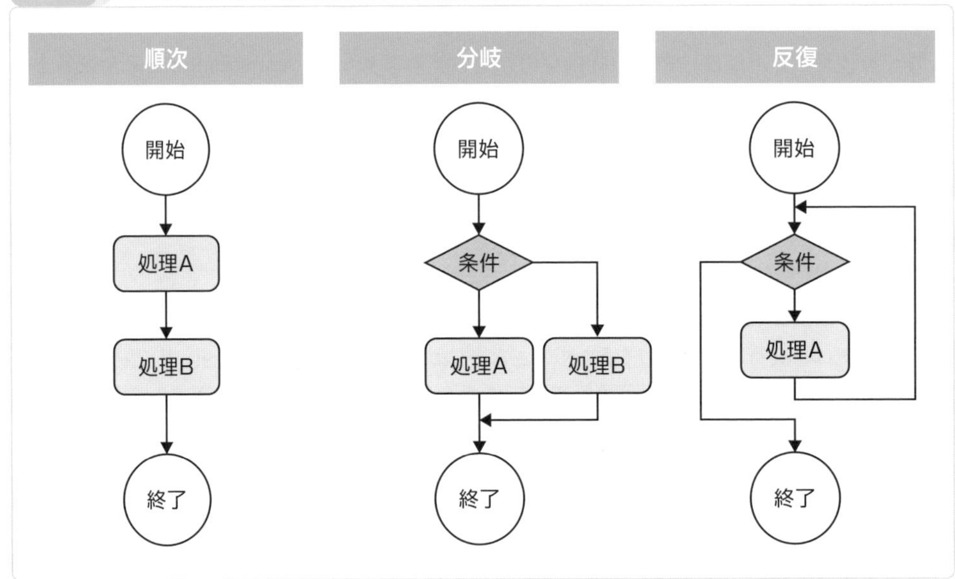

プログラムを上記3つの組み合わせで作成することにより、複雑なプログラムを作成することができます。

それぞれの構造について、説明していきます。

順次

順次構造は、プログラムが命令を順番に実行することを指します。1つの命令が完了するまで、次の命令に進むことができません。

リスト1のスクリプトを新しく作成して、動作を確かめてみましょう。

▼リスト1　sequence.gs 順次構造

```
/*
 * 順次
 */
function sequence() {
  console.log("H");
  console.log("e");
  console.log("l");
  console.log("l");
  console.log("o");
}
```

リスト1のスクリプトを実行すると、上から順番に1行ずつ処理されて「H」「e」「l」「l」「o」が1文字ずつ出力されます。

このように、順次プログラミングは、上から下に処理が進むというシンプル構造です。

しかし、複雑な処理を行う場合には、**分岐**や**反復**など他のプログラミング構造と組み合わせて使う必要があります。

分岐

分岐構造は、条件に応じて異なる命令を実行します。

GASにおける分岐構造は、if文を用いて記述します（図2）。

図2　if文

```
if( 条件文 ){
  // 条件文に当てはまるときの処理
}
```

括弧の中に記述した条件文がtrueの場合には、{}内の処理を実行します。

リスト2のスクリプトを新しく作成して、動作を確かめてみましょう。

▼リスト2　selection01.gs if文を用いた分岐構造

```
001:/*
002: * 分岐
003: */
004:function selection01() {
005:
006:  let a = 10;
007:
008:  if ((a % 2) === 0) {
009:    console.log("偶数です");
010:  }
011:}
```

リスト2の例では、変数aの値が偶数かどうかを判断して、結果をコンソールに出力します。具体的には、6行目で変数aに10を代入し、if文を使って条件判断を行っています。

if文の条件式は、(a % 2) === 0です。

算術演算子「%」は、左辺の数値を右辺の数値で割った余りを求める演算子です。

比較演算子「===」は、左辺と右辺の値とデータ型が等しければtrue、等しくなければfalseを返します。

左辺の数値を右辺の数値で割った余りが0と等しいかどうかをこの条件式の意味は、「aを2で割った余りが0である場合」ということです。

この条件が満たされる場合、つまり変数aが偶数である場合は、{}の中の記述が実行されます。

{}の中では、console.log()関数を使って「偶数です」という文字列をコンソールに出力します。一方、条件が満たされない場合は何も処理を行いません。

リスト2の6行目の変数aの値を、奇数の値に書き換えて実行するなどで、処理結果の違いを確認してみてください（画面1）。

▼画面1　条件式を満たすときと満たさないときの違い

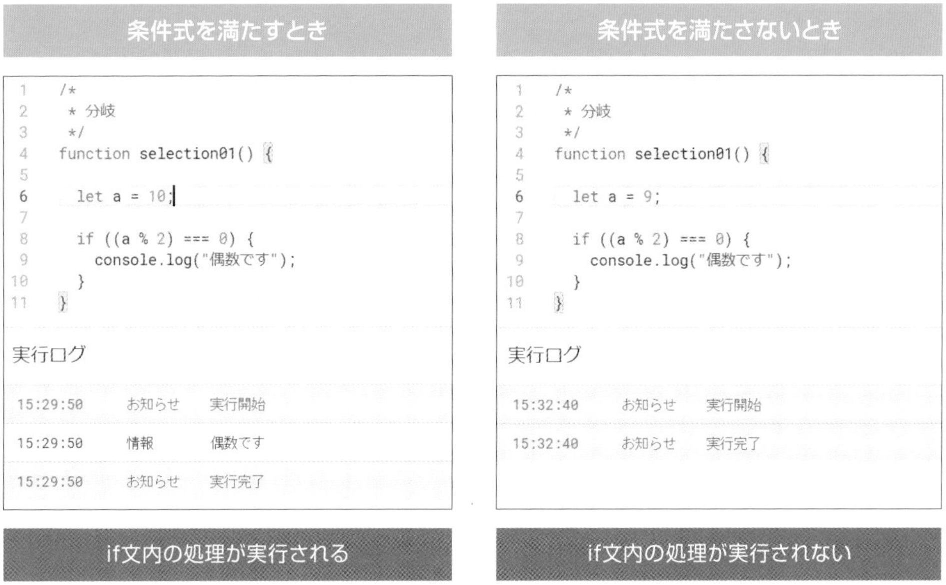

条件式を満たすとき	条件式を満たさないとき
(スクリーンショット)	(スクリーンショット)

条件式を満たすとき

```
/*
 * 分岐
 */
function selection01() {

  let a = 10;

  if ((a % 2) === 0) {
    console.log("偶数です");
  }
}
```

実行ログ

15:29:50	お知らせ	実行開始
15:29:50	情報	偶数です
15:29:50	お知らせ	実行完了

if文内の処理が実行される

条件式を満たさないとき

```
/*
 * 分岐
 */
function selection01() {

  let a = 9;

  if ((a % 2) === 0) {
    console.log("偶数です");
  }
}
```

実行ログ

15:32:40	お知らせ	実行開始
15:32:40	お知らせ	実行完了

if文内の処理が実行されない

if文は、1つのスクリプトの中に複数書くこともできます。

リスト3のスクリプトを新しく作成して、動作を確かめてみましょう。

▼リスト3　selection02.gs 複数のif文を用いた分岐構造

```
/*
 * 分岐
 */
function selection02() {

  let a = 10;

  if (a < 10) {
    console.log("10より小さいです。");
  }
  if (a > 20) {
    console.log("20より大きいです。");
  }
  if (a != 1) {
    console.log("1ではありません。");
  }
}
```

リスト3のプログラムでは、変数aに10を代入し、3つのif文を使って条件判断をしています。

最初のif文は、変数aが10より小さい場合に、console.log()関数を使って「10より小さいです。」という文字列をコンソールに出力します。

2つ目のif文は、変数aが20より大きい場合に、console.log()関数を使って「20より大きいです。」という文字列をコンソールに出力します。

3つ目のif文は、変数aが1ではない場合に、console.log()関数を使って「1ではありません。」という文字列をコンソールに出力します。比較演算子「!=」は、左辺と右辺が等しくない場合にtrueを返します。

リスト3の6行目のaの値を1や21などに変更して、実行結果を確かめてみてください（画面2）。

▼**画面2　複数のif文を用いた分岐構造の実行結果**

a = 10 のとき

```
1  /*
2   * 分岐
3   */
4  function selection02() {
5
6    let a = 10;
7
8    if (a < 10) {
9      console.log("10より小さいです。");
10   }
11   if (a > 20) {
12     console.log("20より大きいです。");
13   }
14   if (a != 1) {
15     console.log("1ではありません。");
16   }
17 }
```

実行ログ

14:34:30	お知らせ	実行開始
14:34:34	情報	1ではありません。
14:34:30	お知らせ	実行完了

3つめのif文内の処理のみが実行される

a = 1 のとき

```
1  /*
2   * 分岐
3   */
4  function selection02() {
5
6    let a = 1;
7
8    if (a < 10) {
9      console.log("10より小さいです。");
10   }
11   if (a > 20) {
12     console.log("20より大きいです。");
13   }
14   if (a != 1) {
15     console.log("1ではありません。");
16   }
17 }
```

実行ログ

14:40:23	お知らせ	実行開始
14:40:27	情報	10より小さいです。
14:40:23	お知らせ	実行完了

1つめのif文内の処理のみが実行される

a = 21 のとき

```
1  /*
2   * 分岐
3   */
4  function selection02() {
5
6    let a = 21;
7
8    if (a < 10) {
9      console.log("10より小さいです。");
10   }
11   if (a > 20) {
12     console.log("20より大きいです。");
13   }
14   if (a != 1) {
15     console.log("1ではありません。");
16   }
17 }
```

実行ログ

14:38:14	お知らせ	実行開始
14:38:18	情報	20より大きいです。
14:38:18	情報	1ではありません。
14:38:15	お知らせ	実行完了

2つめと3つめのif文内の処理のみが実行される

if文を用いることによって、特定の条件に当てはまる場合にのみ実行する処理の記述をできるようになりました。

実際には、if文の条件に当てはまるときと当てはまらないときで、別の処理を実行したい場合があります。そのようなときには、if-else文を使用します（図3）。

図3 if-else文の記述法

```
if( 条件文 ){
  // 条件文に当てはまるときの処理
} else {
  // 条件文に当てはまらないときの処理
}
```


if文の閉じ括弧「}」の後にelseキーワードを記述し、さらに波括弧{}で囲った範囲に条件文に当てはまらないときにのみ実行される処理を書きます。

リスト4のスクリプトを新しく作成して、動作を確かめてみましょう。

▼リスト4　selection03.gs if-else文を用いた分岐構造

```
/*
 * 分岐
 */
function selection03() {

  let a = 10;

  if ((a % 2) === 0) {
    console.log("偶数です");
  } else {
    console.log("奇数です");
  }
}
```

リスト4の例では、変数aの値が偶数かどうかを判断して、結果をコンソールに出力します。

変数aが偶数である場合は、if文直後の{}の中の記述が実行され、「偶数です」という文字列がコンソールに出力されます。

一方、条件が満たされない場合はelse文直後の{}の中の記述が実行され、「奇数です」という文字列がコンソールに出力されます。

リスト4の6行目の変数aの値を、奇数の値に書き換えて実行するなどで、処理結果の違いを確認してみてください（画面3）。

▼**画面3　if-else文を用いた分岐構造の実行結果**

条件式を満たすとき

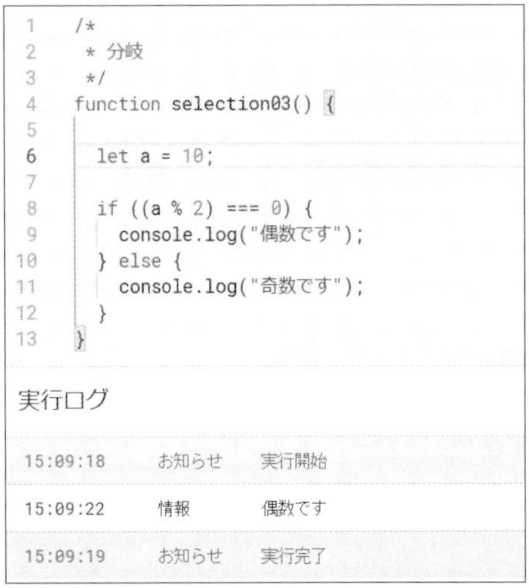

```
1  /*
2   * 分岐
3   */
4  function selection03() {
5
6    let a = 10;
7
8    if ((a % 2) === 0) {
9      console.log("偶数です");
10   } else {
11     console.log("奇数です");
12   }
13 }
```

実行ログ

15:09:18	お知らせ	実行開始
15:09:22	情報	偶数です
15:09:19	お知らせ	実行完了

if文内の処理が実行される

条件式を満たさないとき

```
1  /*
2   * 分岐
3   */
4  function selection03() {
5
6    let a = 9;
7
8    if ((a % 2) === 0) {
9      console.log("偶数です");
10   } else {
11     console.log("奇数です");
12   }
13 }
```

実行ログ

15:16:30	お知らせ	実行開始
15:16:34	情報	奇数です
15:16:31	お知らせ	実行完了

else文内の処理が実行される

また、条件文に当てはまらない場合に、さらに別の条件に当てはまる場合を考えるような、複数の条件式を評価するときもあります。そのようなときは、else-if文を使用します（図4）。

図4　else if文の記述法

```
if( 条件文 ){
  //if 条件文に当てはまるときの処理
} else if( 条件文 2){
  //if 条件文に当てはまらず、
  //else if 条件に当てはまるときの処理
}else {
  // いずれの条件文にも
  // 当てはまらないときの処理
}
```

if文の後にelse if(条件文)を記述することによって、if文の条件に当てはまらなかったときに、else ifに記載している条件文を満たすような場合に、else if直後の{}内の処理を実行できます。

複数のelse ifを連続して書くこともできます。上の方に記述しているif文またはelse if文のいずれの条件にも当てはまらないときに、条件文の判定がされます。

リスト5のスクリプトを新しく作成して、動作を確かめてみましょう。

▼リスト5　selection04.gs else if文を用いた分岐構造

```
001:/*
002: * 分岐
003: */
004:function selection04() {
005:
006:  let score = 100;
007:
008:  if (score >= 90) {
009:    console.log("A");
010:  } else if (score >= 70) {
011:    console.log("B");
012:  } else if (score >= 50) {
013:    console.log("C");
014:  } else {
015:    console.log("D");
016:  }
017:}
```

リスト5の例では、変数scoreの値に応じて異なるメッセージを出力します。

まず、scoreが90以上の場合には、"A"というメッセージが出力されます。

次に、scoreが90よりも小さく70以上である場合には、"B"というメッセージが出力されます。

以降も同様に、scoreが70よりも小さく50以上の場合には"C"、それ以下の場合には"D"というメッセージが出力されます。

リスト5の6行目の変数scoreの値を、さまざまな書き換えて実行して、処理結果の違いを確認してみてください（画面4）。

▼画面4　else if文を用いた分岐構造の実行例

score >= 90

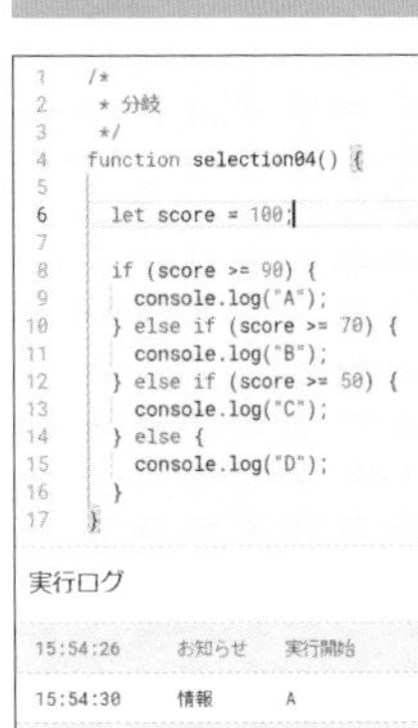

Aが出力される

90 > score >= 70

Bが出力される

70 > score >= 50

Cが出力される

50 > score

```
/*
 * 分岐
 */
function selection04() {

  let score = 40;

  if (score >= 90) {
    console.log("A");
  } else if (score >= 70) {
    console.log("B");
  } else if (score >= 50) {
    console.log("C");
  } else {
    console.log("D");
  }
}
```

実行ログ

17:03:48	お知らせ	実行開始
17:03:52	情報	D
17:03:49	お知らせ	実行完了

Dが出力される

このように、if文やelse if文、else文を組み合わせることによって、さまざまな分岐を実現できます。

反復

反復構造は、終了を判定するための条件が満たされるまで、同じ処理を複数回繰り返します。ループ構造とも呼ばれます。

GASにおける反復構造は、for文を用いて記述します（図5）。

図5　for文の記述法

```
for( 初期化式 ; 条件式 ; 更新式 ){
  // 繰り返し実行する処理
}
```

forの後ろには、カッコで囲まれた3つの式が並んでいます。

初期化式：ループの最初に一度だけ実行されます。ループ内で使用できるカウント用の変数の初期化を行います。

条件式：ループの継続条件を記述します。ループが繰り返されるごとに条件式がtrueかどうかを調べます。この条件がtrueである限り、ループ内の処理が繰り返されます。

更新式：ループ内の処理が1回終了した後、再び条件式を評価する前に実行される式を指定します。通常はカウンタ変数の値を更新するために使用されます。

リスト6のスクリプトを新しく作成して、動作を確かめてみましょう。

▼リスト6　iteration01.gs for文を用いた反復構造

```
001:/*
002: * 反復
003: */
004:function iteration01() {
005:
006:  const weeks = ['Sun','Mon','Tue','Wed','Thu','Fri','Sat'];
007:
008:  for (let i = 0; i < weeks.length; i++) {
009:    console.log(weeks[i]);
010:  }
011:}
```

リスト6のプログラムは、反復処理によって配列「weeks」に格納された曜日の文字列を1つずつ取り出し、コンソールに出力します。

まず、6行目で配列「weeks」を宣言しています。この配列には、文字列形式で「Sun」から「Sat」までの曜日が格納されています。

次に、8行目からfor文が開始されます。for文では、変数「i」を0から始め、変数「i」が「weeks.length」未満である限りループを繰り返します。ループ内では、配列「weeks」から「i」番目の要素を取り出し、コンソールに出力しています（画面5）。

▼画面5　for文を用いた反復構造の実行結果

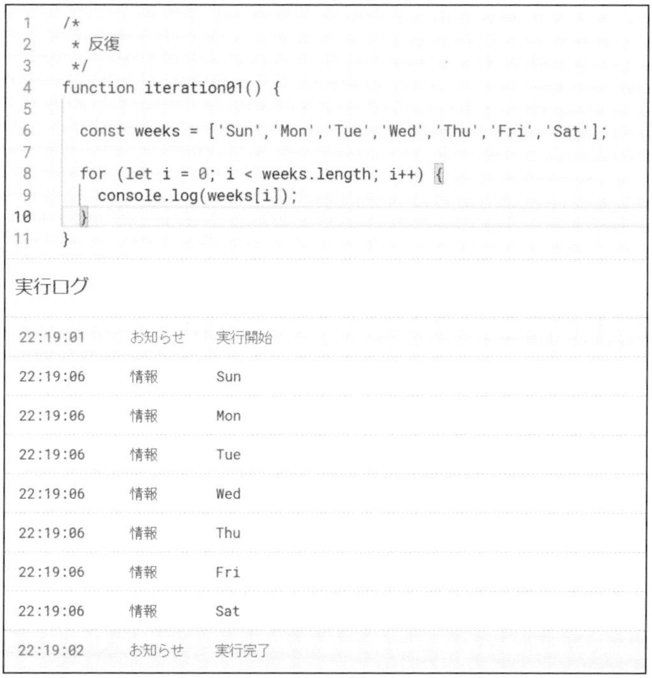

```
/*
 * 反復
 */
function iteration01() {

  const weeks = ['Sun','Mon','Tue','Wed','Thu','Fri','Sat'];

  for (let i = 0; i < weeks.length; i++) {
    console.log(weeks[i]);
  }
}
```

実行ログ

22:19:01	お知らせ	実行開始
22:19:06	情報	Sun
22:19:06	情報	Mon
22:19:06	情報	Tue
22:19:06	情報	Wed
22:19:06	情報	Thu
22:19:06	情報	Fri
22:19:06	情報	Sat
22:19:02	お知らせ	実行完了

また、配列などの複数の値が入っている反復可能な要素を1つずつ取り出し、繰り返し処理を行うためのfor-of文もあります（図6）。

図6 for-of文の記述法

```
for( 要素変数 of 反復可能要素 ){
  // 繰り返し実行する処理
}
```

要素変数には、ループごとに反復可能要素が1つずつ順番に代入されます。反復可能要素には、配列を指定できます。

リスト7のスクリプトを新しく作成して、動作を確かめてみましょう。

▼リスト7 iteration02.gs for-of文を用いた反復構造

```
/*
 * 反復
 */
function iteration02() {

  const weeks = ['Sun','Mon','Tue','Wed','Thu','Fri','Sat'];

  for (const week of weeks) {
    console.log(week);
  }
}
```

リスト7のプログラムは、iteration01と同様に配列weeks内の各要素を順番に取り出し、変数weekに代入しながら繰り返し処理を行います。

for-of文を使用しているため、ループ回数は配列の要素数に等しく、配列の要素の数だけ繰り返されます。

1回目のループでは、変数weekにはSunが代入され、console.log(week);によってSunがコンソールに表示されます。

2回目以降も同様の処理が繰り返されます（画面6）。

▼画面6　for-of文を用いた反復構造の実行結果

```
/*
 * 反復
 */
function iteration02() {

  const weeks = ['Sun','Mon','Tue','Wed','Thu','Fri','Sat'];

  for (const week of weeks) {
    console.log(week);
  }
}
```

実行ログ

22:40:07	お知らせ	実行開始
22:40:12	情報	Sun
22:40:12	情報	Mon
22:40:12	情報	Tue
22:40:12	情報	Wed
22:40:12	情報	Thu
22:40:12	情報	Fri
22:40:12	情報	Sat
22:40:07	お知らせ	実行完了

また、連想配列のキーや値を順番に表示させたいようなときもあります。そのようなときには、for-in文を使用します（図7）。

図7　for-in文の記述法

```
for(let キー in 連想配列 ){
  //繰り返し実行する処理
}
```

連想配列は、キーと値のペアが複数存在する配列です。キーには、連想配列のキー名が順番に代入されます。

for-in文を使うことで、連想配列の全てのプロパティに対して繰り返し処理を行うことができます（リスト8）。

ただし、繰り返しの順番は保証されていないため、順序に依存する処理には使用しないように注意する必要があります。

▼リスト8　iteration03.gs for-in文を用いた反復構造

```
001:/*
002: * 反復
003: */
004:function iteration03() {
005:
006:  const emp = { empcode: '0001', empname: 'Ikarashi', age: 48 };
007:
008:  for (const col in emp) {
009:    console.log(col, emp[col]);
010:  }
011:}
```

リスト8の例では、for-in文を使用して連想配列empの各要素を反復処理し、そのキー名と値をログに出力しています。

まず、6行目でempという連想配列を定義しています。この連想配列には、empcode、empname、ageという3つのキーが含まれています。

次に、8行目からfor-in文が使用されます。このループは、連想配列empの各要素を反復処理します。

for-in文では、反復変数（ここではcol）がキー名に割り当てられ、反復変数を使用してそのプロパティの値を取得します。

ループ本体では、console.logを使用して、キー名（col）とその値（emp[col]）を出力します。

consol.logの括弧内をカンマ区切りで記述することによって、複数の値を半角スペース区切りで出力することができます（画面7）。

▼画面7　for-in文の実行結果

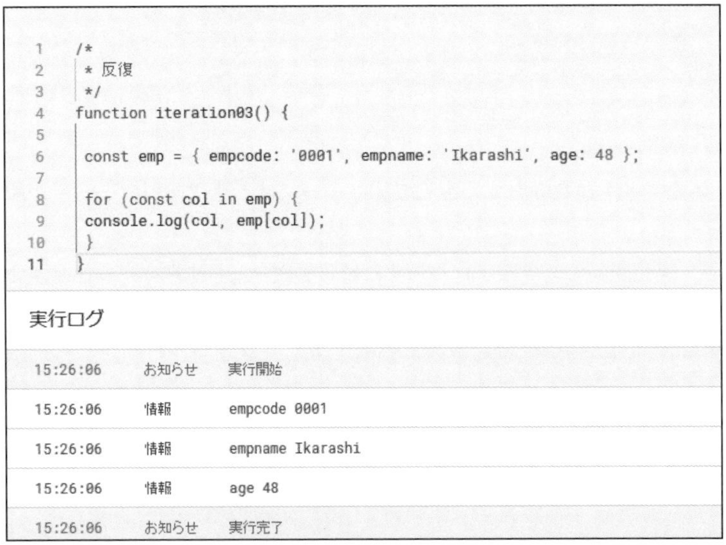

```
/*
 * 反復
 */
function iteration03() {

 const emp = { empcode: '0001', empname: 'Ikarashi', age: 48 };

 for (const col in emp) {
 console.log(col, emp[col]);
 }
}
```

実行ログ

15:26:06	お知らせ	実行開始
15:26:06	情報	empcode 0001
15:26:06	情報	empname Ikarashi
15:26:06	情報	age 48
15:26:06	お知らせ	実行完了

ここまで、3種類の反復構造について学習しました。

順次構造や分岐構造と組み合わせて使用することによって、複雑なプログラムを実現できます。

ポイント

- 本節では、GASにおける構造化プログラミングの基本構造について説明した
- 順次は、プログラムが順番に1つずつ命令を実行する構造である
- 分岐は、条件式に基づいてその後の処理を分岐させる構造である
- 反復（ループ）は、終了を判定するための条件が満たされるまで、同じ処理を複数回繰り返す構造

コラム

構造化プログラミング

エドガー・ダイクストラは、オランダ生まれの計算機科学者であり、プログラム設計の分野に多大な貢献をした人物です。

1950年代から60年代にかけて、構造化プログラミングという手法を提唱しました。

当時は、プログラミングにおいては、GOTO文が広く使われていました。

GOTO文とは、プログラムの中である行の実行が終了したら、明示的に別の行にジャンプする文法のことを指します。

GOTO文がプログラムの理解や保守性を著しく低下させると考え、構造化プログラミングを考案しました。

構造化プログラミングでは、条件分岐や繰り返しといった制御構造を、GOTO文を使用せずに表現することができます。

構造化プログラミングの提唱によって、プログラムの信頼性や保守性が向上し、プログラムの品質を高めることができると主張しました。この考え方は現代のプログラミングにも多大な影響を与え、多くのプログラミング言語で採用されています。

また、グラフ理論の分野でも活躍し、ダイクストラ法と呼ばれる最短経路問題のアルゴリズムを考案しました。

このアルゴリズムは、現在でも、ルート検索やネットワーク最適化などに広く用いられています。

2-6 Google Chrome ブラウザを使おう

Google Chromeブラウザについて（Windows／Mac）

本書では、Webページの表示やGASを実行する環境として、Google Chromeを利用します。

Google Chromeは、Google社が開発提供しているウェブブラウザです。

ウェブブラウザは、パソコンやスマートフォン等を利用してWebページを表示したり、ハイパーリンクをたどったりすることができるソフトウェアです。

Google Chromeには、ウェブブラウザの基本的な機能に加えて、デバッグツールや拡張機能など、GASの開発や実行に便利な機能が搭載されています（図1）。

図1　Google Chromeに搭載されている機能

Google Chromeブラウザ

ウェブブラウザ機能
Webページの閲覧やハイパーリンクをたどるなどの基本的な機能

デバッグツール
ブラウザ上でHTMLやCSS、JavaScriptなどのプログラムの動作の検証をしたり、不具合の原因を探したりするための開発者向けツール

拡張機能
Chromeの機能を追加・強化する特殊なプログラム。さまざまな機能が無償または有償で公開されており、自由に機能の追加ができる

また、Google Chromeは、Windows OS、Linux OS、macOS、iOS、Android、Chromebookなどさまざまな OSに対応しており、それぞれの OSから無料で使用できます。

Google Chromeはデフォルトで自動アップデート機能が有効となっているため、ユーザーはバージョンを意識しなくても常に最新バージョンを使用することができます。

初回インストールするときは、Google Chromeのダウンロードサイトから最新バージョンのインストーラを入手できます。

Google Chromeのインストール方法は、次の項で確認していきましょう。

Google Chromeブラウザをインストールしよう

Google Chromeをインストールするには、まずはGoogle社のWebページより、Google Chromeのインストーラーをダウンロードする必要があります（画面1）。

Google Chrome - Google の高速で安全なブラウザをダウンロード
https://www.google.co.jp/chrome/

▼画面1　Google ChromeのWebサイト

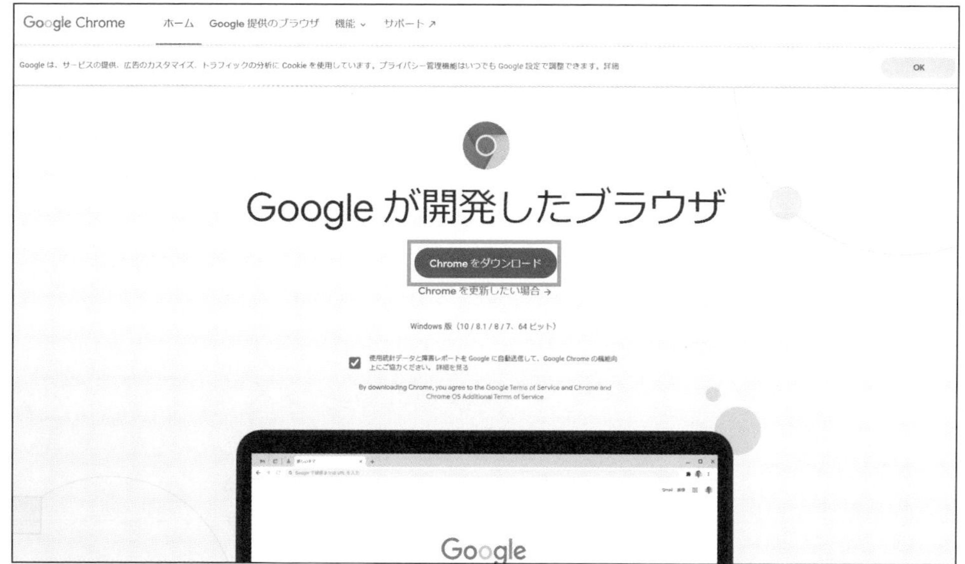

画面1の「Chromeをダウンロード」をクリックします。すると、インストーラーのダウンロードが開始します。

もし、ダウンロードが自動で始まらない場合は、画面2の「Chromeを手動でダウンロードしてください。」のリンクをクリックすれば、ダウンロードが開始します。

▼画面2　Google Chromeのダウンロード

インストーラーのダウンロードが完了すると、ダウンロードフォルダーに「ChromeSetup.exe」というファイルが見つかります。

これが、Google Chromeのインストーラーです。ダウンロードできたら、ブラウザ上もしくはダウンロード先のフォルダーからインストーラーを起動しましょう（画面3）。

▼画面3　Google Chromeのインストーラー

このインストーラーをダブルクリックすると、Google Chromeのインストールが開始されます。

その際、次の画面のような警告メッセージが表示されることがあります（画面4）。

▼画面4　警告メッセージは気にする必要がありません

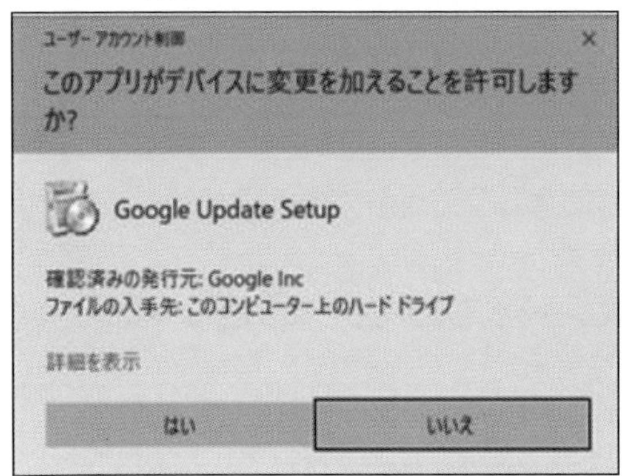

このメッセージは、インターネットなどから入手したアプリをインストールしようとした際に表示される警告メッセージです。

もちろん、Google社のWebサイトからダウンロードしたインストーラーですので、危険なわけがありません。問題なく、［はい］をクリックしてインストールを進めてください。

続いて、インストールの進捗を表示する画面が表示されます（画面5）。

▼画面5　インストールの進捗画面

インストールが完了するまで、多少時間がかかります。気長に待ちましょう。

インストールが完了すると、Google Chromeが自動で起動します（画面6）。

▼画面6　Google Chromeの起動

この画面は、Google Chromeを起動した時に表示される画面です。

このような画面が表示されれば、Google Chromeのインストールはすべて完了です。

WebページのHTMLを確認するには（Windows／Mac）

Google Chromeを使ってWebページのHTMLを閲覧するときに、便利な機能を紹介します。

説明の例として、秀和システムのWebページを使用します。検索フォーム等で「秀和システム」と入力して検索をしてください（画面7）。

▼画面7 「秀和システム」Webサイトの検索画面

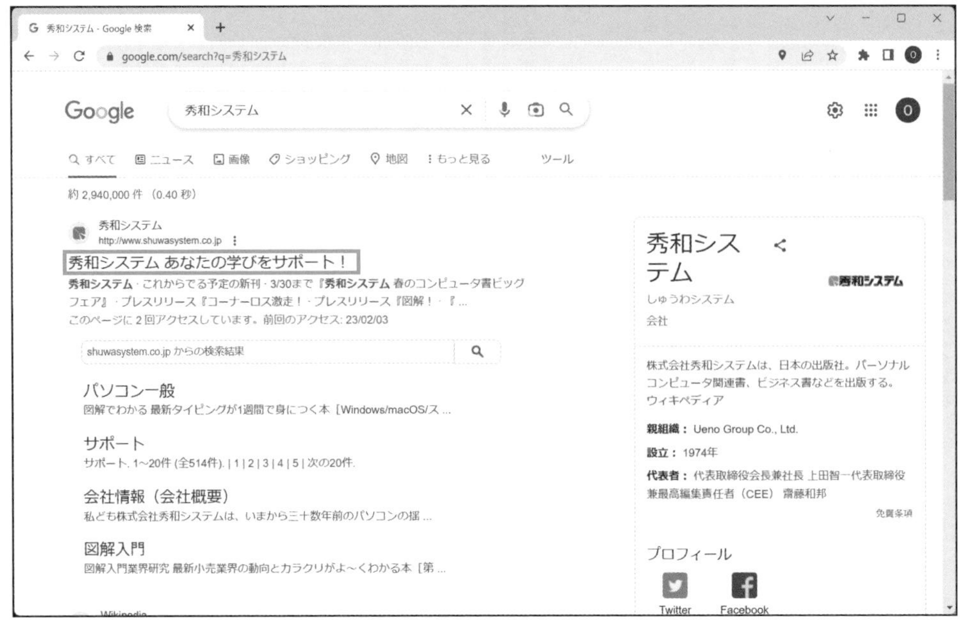

検索結果から、秀和システムのトップページへアクセスします。

秀和システム あなたの学びをサポート！
https://www.shuwasystem.co.jp/

トップページを開いたら、次のいずれかの方法でデベロッパーツールを起動します。

・ページ上で右クリック->［検証］を選択
・F12 キーを押下

どちらの方法でも構いません。ブラウザ上でデベロッパーツールを起動すると、次の画面8のように表示されます。

▼画面8　デベロッパーツールの起動

デベロッパーツール左上の［select an element in the page to inspect it］と表記されるアイコンがあります。これはWebページ上の要素を検証するためのセレクタです（画面9）。

セレクタのアイコンをクリックし、Webページ上の「お知らせ」の文字あたりにカーソルを移動させてみましょう。

すると、画面上の吹き出しに、「お知らせ」に設定されているタグやCSSの情報が表示されます。

また、デベロッパーツール上の「Elements」（または「要素」）タブでは、［<h3>お知らせ</h3>］のタグ部分が表示されています。

このように、セレクタボタンを使用して、Webページ上で調べたい要素のタグを調べることができます。

▼画面9　セレクタを用いたWebページ上の要素の検証

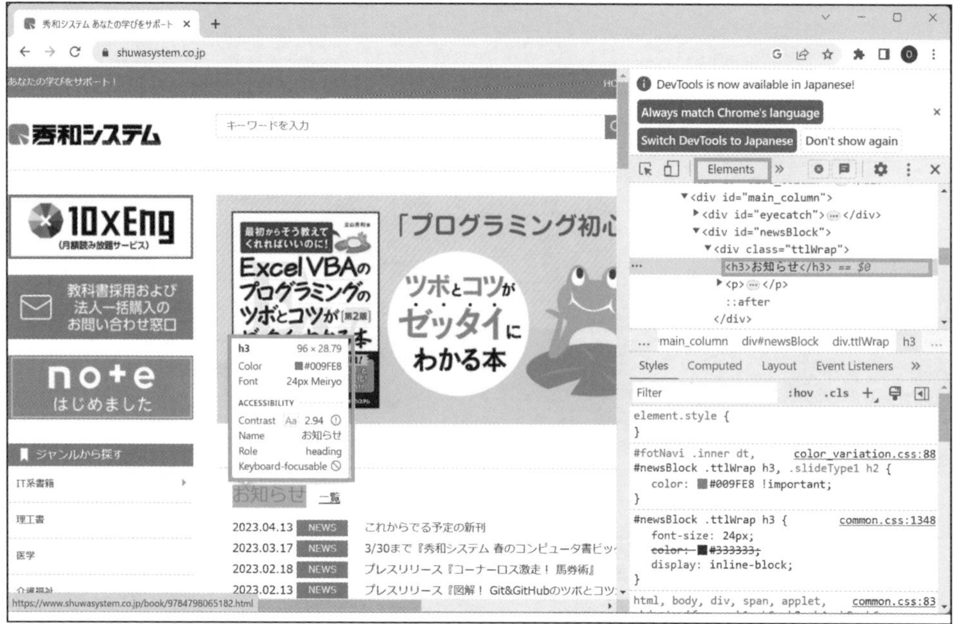

GASを実装していくにあたって、WebページのHTMLを調べたいときには、デベロッパーツールを活用していきましょう。

ポイント

- Google Chromeは、Google社が提供する無償のウェブブラウザである
- Google Chromeは、自動アップデート機能があり、最新バージョンを使用できる
- 本節では、Google Chromeをインストールする方法と、デベロッパーツールを用いたタグの調査方法について説明した

GASで様々なファイルを解析する ～HTML、XML、JSON、CSV

本章では、GASでHTMLやXML、JSONやCSVといった様々なファイルを解析する方法について説明します。

3-1 文字コードと改行コード

文字コードとは

コンピューターが文字列を扱う際、文字データは文字コードと呼ばれる数値データに変換され、処理されています。

文字コードは複数の種類があるため、その種類に応じた適切な文字解析を行う必要があります。

例えば、文字化けしているWebサイトを見かけたことはあるでしょうか。

文字化けの原因は、Webサイトを構築するHTMLに文字コードが正しく指定されていないため、ブラウザで本来の文字コードを認識できないのが原因の大半を占めています。

これは、同一文字データであっても、文字コードによっては違った数値データに変換されるためです。

その場合、ブラウザの機能で本来の文字コードを選択し直すことで、文字化けが解消されることがあります。

文字コードには、次の表1のような種類があります。

▼表1　主な文字コードの種類

文字コード	説明
ASCII	アルファベット、数字、記号などの基本的な文字を表すための7ビットの文字コード
Unicode	世界中のあらゆる言語で使用される文字を表すための文字コード。UTF-8、UTF-16、UTF-32などのエンコーディング方式があります
Shift_JIS	日本語用の文字コード
EUC	Unix系オペレーティングシステムで使用される文字コードで、日本語などの多言語に対応しています
ISO-8859	欧州で使用される文字コード。ISO/IECによって定義されており、ISO-8859-1は西ヨーロッパの言語をサポートするために開発された最初のバージョンです
Big5	繁体字中国語を含む東アジア言語用の文字コード
KOI8-R	ロシア語を含むスラブ系言語用の文字コードで、キリル文字を表現するために使用されます

改行文字の違い（CRLF、LF、CR）

改行位置は、プログラムには文字コードが割り当てられた文字として扱われます。

改行は文字コードが割り当てられた文字であり、これを**改行文字**や**改行コード**と言います。

改行コードは、次の表2の3つに分類されます。

▼表2　改行コードの種類

改行コード	読み方	説明
CRLF	キャリッジリターン・ラインフィード	Windows OS標準の改行コード
CR	キャリッジリターン	Mac OS 9以前の改行コード
LF	ラインフィード	Unix系OS標準の改行コード

「CRLF」は、「CR」(行頭復帰、文字コード13) と「LF」(行送り、文字コード10) という、いずれも単独で改行文字として使用され得る2つの文字コードの組み合わせになっています。

クローリングの際に文字コードを指定する方法については、後述します。

ポイント

- **コンピューターが文字列を扱う際、文字データは文字コードと呼ばれる数値データに変換されている**
- **文字コードは複数の種類があるため、スクレイピングの際に適切な文字コードを指定しないと、文字化けが発生する**
- **改行位置は、改行コードという文字コードによって制御されている**
- **改行コードには、「CRLF」「CR」「LF」の3種類がある**

コラム

「CR」や「LF」の由来

「CR」や「LF」は、タイプライターの仕組みに由来しています。

タイプライターとは、文字を印刷する機械のことです。

かつては、パソコンやプリンターが普及する前に、文書を作成するために広く使用されていました。

「CR」は「キャリッジリターン」のことで、印字位置が行頭の位置になるように用紙を移動する動作です。

「LF」は「ラインフィード」のことで、紙を行数分送ることを意味します。

3-2 HTMLファイルを解析する

HTMLとは

HTMLとは、**Hyper Text Markup Language**の略称です。

ハイパーテキストとは、文書の中に他の文書への位置情報を埋め込み、複数の文書を相互に結びつけたものを指します。HTMLは、このハイパーテキストを利用し、Webページを作成するための言語です。

また、「<」と「>」で囲んだ**タグ**と呼ばれる記号によって印付け（マークアップ）をして記述する形式です。このようにマークアップを行う言語を、**マークアップ言語**といいます。

HTMLはこのように、ハイパーテキストであり、マークアップ言語でもあることから、Hyper Text Markup Languageと呼ばれています。

また、HTMLで作成された文書をHTML文書、HTMLファイルと呼びます。

HTMLは、タグ（<>で囲まれたテキスト）を使って要素を指定し、その要素に属性を追加することができます。要素には、見出し、段落、リスト、画像、リンク、テーブル、フォーム、スタイルシートなどがあります。

HTMLは、Webページを作成するための基本的な技術であり、CSSやJavaScriptなどの他の技術と組み合わせて、WebサイトやWebアプリケーションを作成するために広く使用されています。

また、Webサイトは、HTMLでコーディングされたデータをChromeなどのWebブラウザで読み込んだうえで表示されています（図1）。

図1　Webサイトが表示される仕組み

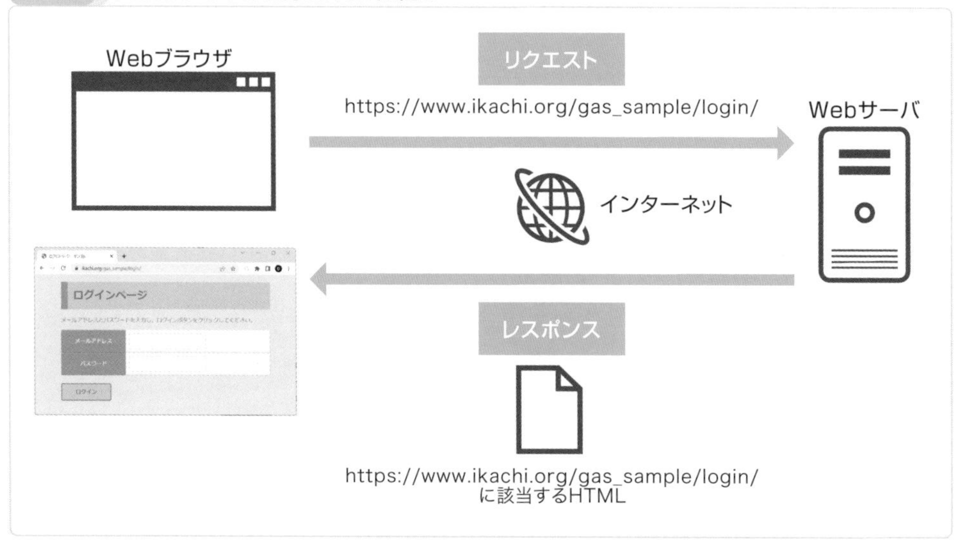

一般的にはWebサイトを表示するとき、まず、ブラウザからURLを入力してアクセスをします。

これを**リクエスト**と言います。

ブラウザから送信されたリクエストは、インターネットを通じてWebサーバーで受け取られます。

Webサーバーは、リクエストに応じたHTMLなどのデータを返します。これを**レスポンス**と言います。

GASでは、このレスポンスに含まれるHTMLの情報を取得することができます。

その方法について、次の項で紹介します。

HTMLファイルを解析するサンプル

GASを用いてWebサーバーにリクエストを送り、レスポンスの情報を得るためには、**UrlFetchApp.fetch() メソッド**を使用します（図2）。

図2　fetchメソッドの構文

```
UrlFetchApp.fetch(url)
```

引数のurlの部分には、リクエストしたいURLを記述します。

fetchメソッドを使用してリクエストを送信すると、レスポンスとしてHTTPResponceというオブジェクトが返ってきます。

オブジェクトとは、連想配列のような構造でキー名に該当するパラメータを持っていたり、独自のメソッドを持っていたりします。

レスポンスが持っている内容を取得するためには、HTTPResponceの**getContentTextメソッド**を使用します（図3）。

図3　getContentTextメソッド

```
getContentText(charset)
```

引数のcharsetの部分には、文字コードを指定します。

リスト1のスクリプトを新しく作成して、動作を確かめてみましょう。

▼リスト1　readHTML.gs HTMLファイルの取得

```
/*
 * HTMLファイルの取得
```

```
 */
function readHtml() {
  // 取得対象のURLを定義
  const URL = "https://www.ikachi.org/gas_sample/login/";

  // HTMLページの取得
  let res = UrlFetchApp.fetch(URL);

  // HTMLページのテキストデータの取得
  let content = res.getContentText("utf-8");

  // 実行ログへのテキストデータの出力
  console.log(content);
}
```

リスト1の例では、指定されたURLのHTMLページを取得し、そのテキストデータを取得してログに出力します。

このスクリプトを実行すると、次の画面1のように「承認が必要です」のダイアログが表示されことがあります。このダイアログは、GASを実行するスクリプトが、Googleのユーザーアカウントで実行されるための権限の承認を確認しています。

▼**画面1　承認ダイアログ**

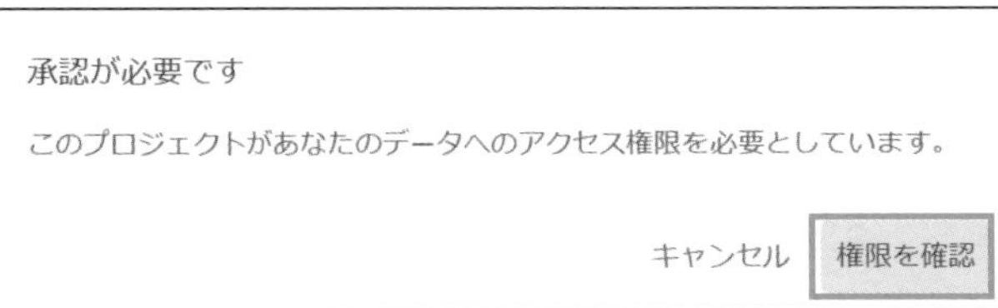

［権限を確認］をクリックすると、スクリプトを実行するアカウントを選択してログインする画面が表示されます。スクリプトを実行するユーザーのアカウントを選択してください（画面2）。

▼画面2　ログイン画面

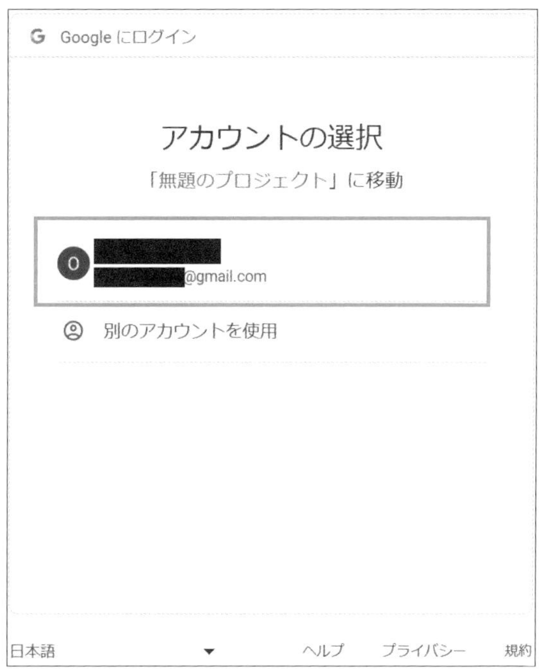

ログインすると、「このアプリは Google で確認されていません」と表示されることがあります。これは、いま作成したGASがGoogleによって検証されたかどうかを示す証明書がないためです。

GASがGoogleによって検証され、安全であることを承認されることで、ユーザーが安心して使用できるようになります。しかし、自分で作成したようなGASは検証されていないため、このようなメッセージが表示されます。

ただし、このメッセージが表示されても、自分で作成したGASを使用することはできます。しかし、万が一、そのGASが悪意のあるコードを含んでいる場合には、個人情報や機密情報などが漏洩する可能性があるため、使用には十分に注意する必要があります。

今回は使用を続行したいため、「詳細」「[プロジェクト名](安全ではない)に移動」をクリックします(画面3)。

▼画面3　このアプリは Google で確認されていません

「Google アカウントへのアクセスをリクエストしています」の画面が表示されます（画面4）。これはアカウントへアクセスをリクエストすることを許可する画面です。

▼画面4　Google アカウントへのアクセスをリクエストしています

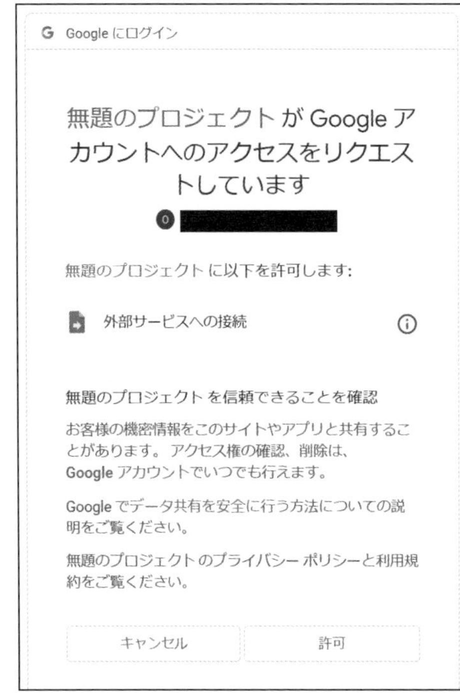

［許可］をクリックすると、スクリプトが実行されます。

スクリプト15行目のconsole.logの結果が実行ログに表示されています（画面5）。

▼**画面5　readHTML.gsの実行結果**

```
実行ログ

11:47:18  お知らせ  実行開始
11:47:25  情報      <!DOCTYPE html>
                    <html lang="ja">

                    <head>
                        <meta charset="UTF-8">
                        <meta http-equiv="X-UA-Compatible" content="IE=edge">
                        <meta name="viewport" content="width=device-width, initial-scale=1.0">
                        <link rel="stylesheet" type="text/css" href="../style.css">
                        <title>ログインページ - サンプル</title>
                    </head>

                    <body>
                            <h1>ログインページ</h1>
                        <p>メールアドレスとパスワードを入力し、ログインボタンをクリックしてください。</p>
                        <form method="post" action=".">
                            <table>
                                <tr>
                                    <th>メールアドレス</th>
                                    <td><input type="text" id="email" name="email"></td>
                                </tr>
                                <tr>
                                    <th>パスワード</th>
                                    <td><input type="password" id="password" name="password"></td>
                                </tr>
                            </table>
                            <br>
                            <input type="submit" value="ログイン">
                        </form>
                        </body>

                    </html>
11:47:19  お知らせ  実行完了
```

画面5ではHTMLの全文が出力されていますが、特定のタグで囲われた範囲のみを取得したい場合は、**Parser**というライブラリを使用します。

Parserは、文字列を解析して、その中に含まれる情報を取り出すことができるものです。

Parserを用いて任意の範囲の文字列を取得するには、次の図4の記述方法を使用します。

図4　Parserを用いた任意の範囲の文字列を取得する記述方法

```
Parser.data(content).from('開始パターン')
                    .to('終了パターン').build();
```

リスト1の15行目と16行目の間に、リスト2の17～21行目を追記してみましょう。

▼リスト2　readHTML.gs HTMLファイルの取得　17～21行目への追記

```
001:/*
002: * HTMLファイルの取得
003: */
004:function readHtml() {
005:  // 取得対象のURLを定義
006:  const URL = "https://www.ikachi.org/gas_sample/login/";
007:
008:  // HTMLページの取得
009:  let res = UrlFetchApp.fetch(URL);
010:
011:  // HTMLページのテキストデータの取得
012:  let content = res.getContentText("utf-8");
013:
014:  // 実行ログへのテキストデータの出力
015:  console.log(content);
016:
017:  // 文字の範囲指定
018:  let title = Parser.data(content).from('<title>').to('</title>').build();
019:
020:  // 取得した文字列の出力
021:  console.log("ページタイトル：" + title);
022:    }
```

　このままですと、Parserライブラリを読み込んでいないため、実行に失敗してしまいます。Parserライブラリをプロジェクトに含めるために、「ライブラリ」横の「+」ボタンをクリックします（画面6）。

▼画面6　ライブラリの追加

「+」ボタンをクリックすると、スクリプトIDを入力する欄が表示されます（画面7）。

▼画面7　スクリプトID入力画面

ライブラリの追加

利用可能なライブラリを ID で検索できます。詳細

スクリプト ID *

ライブラリのプロジェクト設定で確認できるライブラリのスクリプト ID。

検索

キャンセル　追加

Parserライブラリの IDを取得するために、別のタブから以下のURLにアクセスしてください。

https://ikachi.org/gas_sample

ページ内に、Parserライブラリ公開URLへのリンクがあるため、選択すると、ライブラリ画面が開きます（画面8）。

このリンク先は、Ivan Kutilさんによって作成されたGASのライブラリです。「実行」や「デバッグ」を押して単体で動かすものではなく、他プロジェクトからライブラリとして読み込んで使用します。

「Parser.gs」には文字列の解析を行うソースが書かれており、IDを読み込むだけで機能を使用することができるようになっています。

▼画面8　Parserライブラリ公開URLへのリンク

Parseライブラリ　公開URL

Parseライブラリは、以下のURLにて公開されています。

https://script.google.com/home/projects/1Mc8BthYthXx6CoIz90-JiSzSafVnT6U3t0z_W3hLTAX5ek4w0G_EIrNw/edit

画面9の上部コメント部分には、作者の情報などが載っています。このうち、「@library_

key:」はスクリプトIDに該当するため、「@library_key:」から「(previous 」の間の文字をコピーします。

▼画面9　@library_key:のIDをコピー

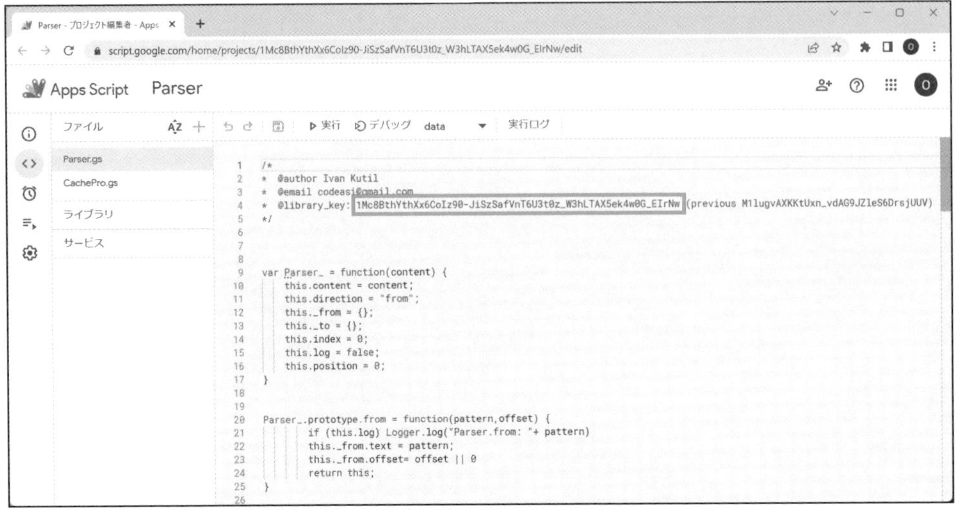

コピーができたら、GASプロジェクトの画面に戻ります。
スクリプトIDを記入し、［検索］をクリックします（画面10)。

▼画面10　スクリプトIDの検索

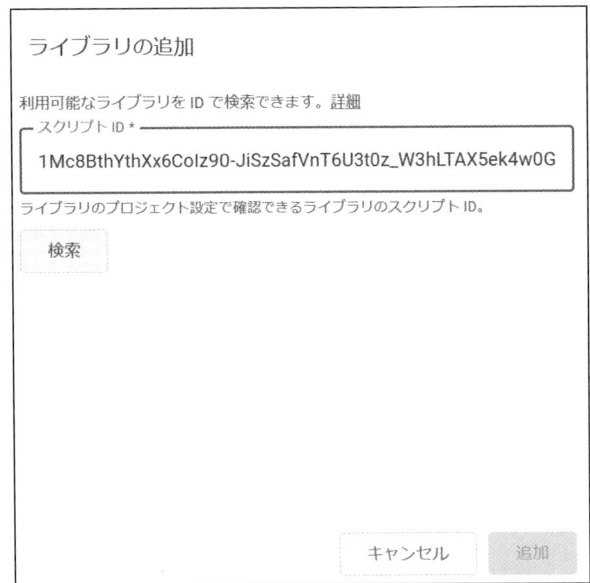

Parserライブラリを検索できたら、［追加］をクリックします（画面11)。

▼**画面11　ライブラリの追加**

ライブラリの追加

利用可能なライブラリを ID で検索できます。詳細

スクリプト ID *

1Mc8BthYthXx6CoIz90-JiSzSafVnT6U3t0z_W3hLTAX5ek4w0G

ライブラリのプロジェクト設定で確認できるライブラリのスクリプト ID。

検索

ライブラリ Parser を検索しました。

バージョン

8

利用可能なバージョン。

ID *

Parser

このプロジェクト内でこの ライブラリ を参照する際に使用します。

キャンセル　追加

プロジェクトの画面に戻り、「ライブラリ」欄に「Parser」が追加されていることが確認できます（画面12）。

▼**画面12　ライブラリの追加の確認**

確認ができたら、readHTML.gsを実行しましょう。必要に応じて、権限の承認をしてください。

「実行ログ」内に、<title>タグ内の情報を取得できていることがわかります（画面13）。

▼**画面13 readHTMLの実行結果**

```
実行ログ

13:54:41    お知らせ    実行開始
13:54:42    情報        <!DOCTYPE html>
                        <html lang="ja">

                        <head>
                            <meta charset="UTF-8">
                            <meta http-equiv="X-UA-Compatible" content="IE=edge">
                            <meta name="viewport" content="width=device-width, initial-scale=1.0">
                            <link rel="stylesheet" type="text/css" href="../style.css">
                            <title>ログインページ - サンプル</title>
                        </head>

                        <body>
                                <h1>ログインページ</h1>
                            <p>メールアドレスとパスワードを入力し、ログインボタンをクリックしてください。</p>
                            <form method="post" action=".">
                                <table>
                                    <tr>
                                        <th>メールアドレス</th>
                                        <td><input type="text" id="email" name="email"></td>
                                    </tr>
                                    <tr>
                                        <th>パスワード</th>
                                        <td><input type="password" id="password" name="password"></td>
                                    </tr>
                                </table>
                                <br>
                                <input type="submit" value="ログイン">
                            </form>
                            </body>

                        </html>
13:54:42    情報        ページタイトル：ログインページ - サンプル
13:54:43    お知らせ    実行完了
```

このように、fetchメソッドやgetContentTextでHTMLのテキストを取得し、必要に応じてParserライブラリを使用することで、HTML内の任意の情報を解析することができます。

ポイント

- 本節では、GASを使用したHTMLファイルの解析方法について説明した
- HTMLは、Webページを作成するための基本的な技術である
- fetchメソッドやgetContentTextでHTMLのテキストを取得する
- Parserライブラリを使用することで、HTML内の任意の情報を解析することができる

XMLとは

XMLとは、eXtensible Markup Languageの略称です。

eXtensibleは「拡張可能な」を意味します。つまり、XMLは拡張可能なマークアップ言語と言えます。ユーザー自身がタグや要素を自由に定義でき、必要に応じて拡張できます。Webページを作成するためのHTMLとの用途の違いとして、XMLは主にデータのやりとりや保存に使用されます。

また、HTMLは
や<img>などのタグが事前に定義されており、規則的な文書構造を持つことに対し、XMLはユーザー自身がタグ/構造を自由に定義できます。

XMLは、タグ（<>で囲まれたテキスト）を使って要素を定義できます。このとき、タグ名を自由に設定できるほか、複数のタグで要素を階層化することもできます。

階層化されたタグは、親子関係で表現されます。あるタグより外側に定義されているタグを、そのタグにとっての親要素、あるタグより内側に定義されているタグを、そのタグにとっての子要素と表現します（図1）。

のちほど、図1のXMLの構造のデータを読み込むスクリプトを書き、XMLファイルを読み込みます。

図1　XMLの構造

```
<personal-infomations>
        <personal-infomation>
                <連番>1</連番>
                <氏名>福岡一彩</氏名>
                <氏名_カタカナ>フクオカカズサ</氏名_カタカナ>
                <性別>女</性別>
                <電話番号>0729338297</電話番号>
                <生年月日>1994/10/15</生年月日>
        </personal-infomation>
        <personal-infomation>
                <連番>2</連番>
                <氏名>前島悠菜</氏名>
                <氏名_カタカナ>マエジマユウナ</氏名_カタカナ>
                <性別>女</性別>
                <電話番号>0734626517</電話番号>
                <生年月日>1993/05/25</生年月日>
        </personal-infomation>
</personal-infomations>
```

personal-information の親要素

personal-information の子要素

Webサーバー上に配置されているXMLは、URLでリクエストを送ることによって情報を取得することができます。

次の項では、GASを用いてXMLの情報を取得する方法を紹介します。

XMLファイルを解析するサンプル

GASを用いてXMLファイルを解析するにあたって、Webサーバーにリクエストを送り、レスポンスの情報を得るところまではHTMLと一緒です。**fetchメソッド**でリクエストを送り、**getContentTextメソッド**で内容を取得します。

そのままではテキストデータが得られただけとなってしまいます。Parserを用いた文字列解析を行うこともできますが、XMLのタグごとにデータを取得できるようにする方法もあります。

XML独特の構造からデータを取得するためのGASの提供クラス、**XmlServiceのparseメソッド**を使用します（図2）。

図2　XmlServiceのparseメソッド構文

```
XmlService.parse(content)
```

引数のcontentの部分には、XMLのテキストデータを記述します。

XmlServiceのparseメソッドを使用すると、戻り値としてXmlDocumentオブジェクトを得ることができます。

XmlDocumentオブジェクトは、GASでXMLデータを表現するためのオブジェクトです。

XML内の特定のタグの情報を全て取得するには、XmlDocumentオブジェクトに対して**getRootElementメソッド**でXML内の最も親となる要素を取得したうえで、**getChildrenメソッド**で特定の子要素を指定します（図3）。

図3　XML内の特定のタグの情報を全て取得する方法

```
xml.getRootElement().getChildren( タグ名 );
```

「xml」の部分にはXmlDocumentオブジェクトを記述します。また、引数のタグ名の部分には、取得したいタグ名を指定します。

対象となるタグが複数件存在する場合は、配列の形で戻り値が返却されます。

さらに、子要素内のテキストを取得したい場合は、**getChildTextメソッド**を使用します（図4）。

図4　getChildTextメソッドの構文

```
親要素 . getChildText ( 子要素 )
```

図4のように記述することによって、指定した子要素内のテキストを取得できます。
次のリスト1のスクリプトを新しく作成して、動作を確かめてみましょう。

▼リスト1　readXML.gs XMLを読み込む

```
001:/*
002: * Xmlを読み込む
003: */
004:function readXml() {
005:  // 取得対象のURLを定義
006:  const URL = "https://www.ikachi.org/gas_sample/file/personal_infomation.xml";
007:
008:  // XMLの取得
009:  let res = UrlFetchApp.fetch(URL);
010:
011:  // XMLのテキストデータの取得
012:  let content = res.getContentText("utf-8");
013:
014:  // テキストデータをXMLとしてパース
015:  let xml = XmlService.parse(content);
016:
017:  // 指定タグのすべての子要素を取得
018:  let doc = xml.getRootElement().getChildren("personal-infomation");
019:
020:  // それぞれの要素から特定の子要素のテキストを取得してコンソールに出力
021:  for(let i = 0; i < doc.length; i++) {
022:    console.log(doc[i].getChildText("氏名"));
023:  }
024:}
```

リスト1の例では、指定されたXMLファイルから氏名タグのテキストを取り出して出力しています。

6行目のURLは、取得対象のXMLファイルを定義しています（画面1）。

9行目のresは、UrlFetchApp.fetch()メソッドによって取得されたXMLデータそのものを表します。

12行目のcontentは、res.getContentText("utf-8")によってXMLデータをテキストデータに変換したものを表します。

15行目のxmlは、XmlService.parse(content)によって、テキストデータcontentをXMLとしてパースした結果を表します。

18行目のdocは、パースされたXMLのルート要素から「personal-infomation」タグを持つ全ての子要素を取得した配列を表します（図5）。

22行目のdoc[i].getChildText("氏名")は、doc配列の各要素に対して、「氏名」というタグのテキストを取得しています。

実行すると、次の画面2のように氏名タグ内のテキストが出力されます。

▼画面1　取得対象のpersonal_infomation.xmlの内容

図5 doc配列のイメージ

doc[0]
<連番>1</連番>
<氏名>福岡一彩</氏名>
<氏名_カタカナ>フクオカカズサ</氏名_カタカナ>
<性別>女</性別>
<電話番号>0729338297</電話番号>
<生年月日>1994/10/15</生年月日>

doc[1]
<連番>2</連番>
<氏名>前島悠菜</氏名>
<氏名_カタカナ>マエジマユウナ</氏名_カタカナ>
<性別>女</性別>
<電話番号>0734626517</電話番号>
<生年月日>1993/05/25</生年月日>

doc[2]
<連番>3</連番>
<氏名>前川和比古</氏名>
<氏名_カタカナ>マエカワカズヒコ</氏名_カタカナ>
<性別>男</性別>
<電話番号>0730653321</電話番号>
<生年月日>1971/07/31</生年月日>

▼画面2 XMLを読み込むスクリプトの実行結果

実行ログ

17:00:18	お知らせ	実行開始
17:00:27	情報	福岡一彩
17:00:27	情報	前島悠菜
17:00:27	情報	前川和比古
17:00:27	情報	沼田波
17:00:27	情報	吉原清吉
17:00:27	情報	町田惟久馬
17:00:27	情報	李桜花
17:00:27	情報	中原梨花
17:00:27	情報	丸山恭三郎
17:00:27	情報	加瀬真弓
17:00:19	お知らせ	実行完了

このように、XmlServiceを用いることによってXMLファイルのデータを解析することができます。

ポイント

- 本節では、GASを使用したXMLファイルの解析方法について説明した
- XMLは、データのやりとりや設定ファイルを作成するための基本的な技術である
- fetchメソッドやgetContentTextでXMLのテキストを取得する
- XmlServiceを使用することで、XML内の任意の情報を解析することができる

コラム

XMLとHTMLの違い

XMLは、1990年代にW3C（World Wide Web Consortium）によって開発されたマークアップ言語で、ウェブ上の情報交換を可能にするために作られました。

当時のウェブ上では、HTMLが広く使われていましたが、HTMLは主に文書を記述するために開発された言語で、データ交換には向いていませんでした。そのため、より柔軟で拡張性の高い言語が必要になりました。

XMLは、HTMLのような既存の言語を拡張し、独自のタグを定義できる柔軟性があり、データ交換に向いているという特徴を持っています。また、XMLは異なるプラットフォームやプログラム間でのデータ交換を容易にし、ウェブサービスなどの技術の基盤となっています。

3-4 JSONファイルを解析する

JSONとは

JSONとは、JavaScript Object Notationの略称です。

Notationは「表記」を意味します。ここで言う表記とは、データを文字列として表現する方法のことです。JSONは、JavaScriptのオブジェクト（連想配列）を表記するルールで書かれた、文字列ベースのデータフォーマットです（図1）。

XMLと同じくデータのやりとりを目的としていますが、JSONのほうが可読性が高く、軽量であることから、API等でよく利用されます。

のちほど、図1のJSONの構造のデータを読み込むスクリプトを書き、JSONファイルを読み込みます。

図1　JSONの構造例

```
{
    "personal-infomations": {
        "personal-infomation": [
            {
                "連番": 1,
                "氏名": "福岡一彩",
                "氏名_カタカナ": "フクオカカズサ",
                "性別": "女",
                "電話番号": 729338297,
                "生年月日": "1994/10/15"
            },
            {
                "連番": 2,
                "氏名": "前島悠菜",
                "氏名_カタカナ": "マエジマユウナ",
                "性別": "女",
                "電話番号": 734626517,
                "生年月日": "1993/05/25"
            }
        ]
    }
}
```


JSONは連想配列の形で記述されます。

図1の例は、personal-infomationsのキー名で連想配列を持っており、そこではpersonal-infomationのキー名で2件の個人情報の連想配列を配列として持っています。

Webサーバー上に配置されているJSONは、URLでリクエストを送ることによって情報を取得することができます。

次の項では、GASを用いてJSONの情報を取得する方法を紹介します。

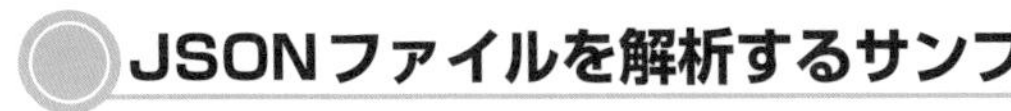

JSONファイルを解析するサンプル

GASを用いてJSONファイルを解析するにあたって、Webサーバーにリクエストを送り、レスポンスの情報を得るところまではHTMLやXMLと一緒です。**fetchメソッド**でリクエストを送り、**getContentTextメソッド**で内容を取得します。

そのままではテキストデータが得られただけとなってしまいます。Parserを用いた文字列解析を行うこともできますが、JSONの持つキーごとにデータを取得できるようにする方法もあります。

JSON独特の構造からデータを取得するためのGASの提供クラス、**JSONのparseメソッド**を使用します（図2）。

図2　JSONのparseメソッド構文

```
JSON.parse(content)
```

引数のcontentの部分には、JSONのテキストデータを記述します。

JSONのparseメソッドを使用すると、戻り値としてオブジェクトを得ることができます。オブジェクトは、連想配列と同様に、キー名に該当するプロパティ名を指定することで値を取得できます。

次のリスト1のスクリプトを新しく作成して、動作を確かめてみましょう。

▼リスト1　readJSON.gs JSONを読み込む

```
/*
 * Jsonを読み込む
 */
function readJson() {
  // 取得対象のURLを定義
  const URL = "https://ikachi.org/gas_sample/file/personal_infomation.json";

  // JSONの取得
  let res = UrlFetchApp.fetch(URL);

  // JSONのテキストデータの取得
  let content = res.getContentText("utf-8");

  // テキストデータをオブジェクトとしてパース
  let json = JSON.parse(content);

```

```
017:  // parsonal-infomationsのpersonal-informationに定義している配列を取得
018:  let doc = json["personal-infomations"]["personal-infomation"];
019:
020:  // それぞれの要素から特定のプロパティのテキストを取得してコンソールに出力
021:  for(let i = 0; i < doc.length; i++) {
022:    console.log(doc[i]["氏名"]);
023:  }
024:}
```


リスト1の例では、指定されたJSONファイルから氏名に該当している値を取り出して出力しています。

6行目のURLは、取得対象のJSONファイルを定義しています（画面1）。

9行目のresは、UrlFetchApp.fetch()メソッドによって取得されたJSONデータそのものを表します。

12行目のcontentは、res.getContentText("utf-8")によってJSONデータをテキストデータに変換したものを表します。

15行目のjsonは、JSON.parse(content)によって、テキストデータcontentをオブジェクトとしてパースした結果を表します。このときのオブジェクトの中身は、図1のようなイメージです。

18行目のdocは、パースされたJSONオブジェクトの中から、personal-infomationsオブジェクトの中のpersonal-infomation配列を取得したものを表します。

22行目のdoc[i]["氏名"]は、doc配列の各要素に対して、「氏名」というプロパティの値を取得しています。

実行すると、次の画面2のように氏名のテキストが出力されます。

▼画面1　取得対象のpersonal_infomation.jsonの内容

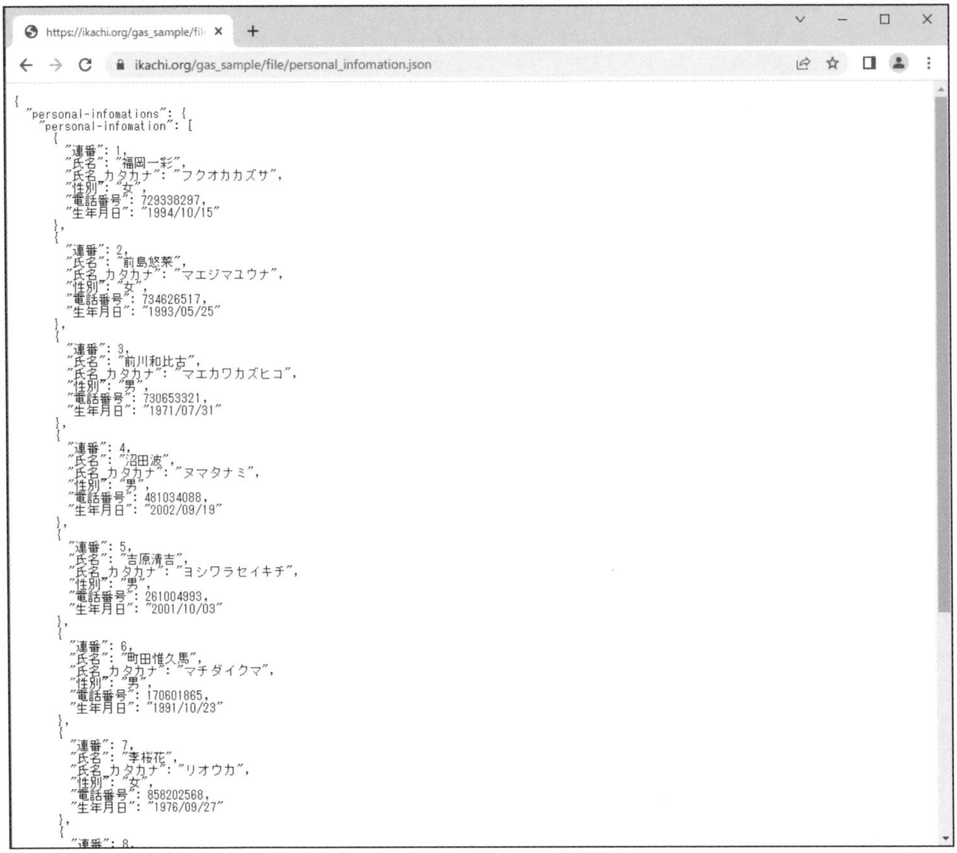

https://ikachi.org/gas_sample/fil

ikachi.org/gas_sample/file/personal_infomation.json


```
{
  "personal-infomations": {
    "personal-infomation": [
      {
        "連番": 1,
        "氏名": "福岡一彩",
        "氏名_カタカナ": "フクオカカズサ",
        "性別": "女",
        "電話番号": 729338297,
        "生年月日": "1994/10/15"
      },
      {
        "連番": 2,
        "氏名": "前島悠菜",
        "氏名_カタカナ": "マエジマユウナ",
        "性別": "女",
        "電話番号": 734626517,
        "生年月日": "1993/05/25"
      },
      {
        "連番": 3,
        "氏名": "前川和比古",
        "氏名_カタカナ": "マエカワカズヒコ",
        "性別": "男",
        "電話番号": 730653321,
        "生年月日": "1971/07/31"
      },
      {
        "連番": 4,
        "氏名": "沼田波",
        "氏名_カタカナ": "ヌマタナミ",
        "性別": "男",
        "電話番号": 481034088,
        "生年月日": "2002/09/19"
      },
      {
        "連番": 5,
        "氏名": "吉原清吉",
        "氏名_カタカナ": "ヨシワラセイキチ",
        "性別": "男",
        "電話番号": 261004993,
        "生年月日": "2001/10/03"
      },
      {
        "連番": 6,
        "氏名": "町田惟久馬",
        "氏名_カタカナ": "マチダイクマ",
        "性別": "男",
        "電話番号": 170601865,
        "生年月日": "1991/10/23"
      },
      {
        "連番": 7,
        "氏名": "李桜花",
        "氏名_カタカナ": "リオウカ",
        "性別": "女",
        "電話番号": 858202568,
        "生年月日": "1976/09/27"
      },
      {
        "連番": 8,
```


▼画面2　JSONを読み込むスクリプトの実行結果

実行ログ

17:12:16	お知らせ	実行開始
17:12:17	情報	福岡一彩
17:12:17	情報	前島悠菜
17:12:17	情報	前川和比古
17:12:17	情報	沼田波
17:12:17	情報	吉原清吉
17:12:17	情報	町田惟久馬
17:12:17	情報	李桜花
17:12:17	情報	中原梨花
17:12:17	情報	丸山恭三郎
17:12:17	情報	加瀬真弓
17:12:17	お知らせ	実行完了

このように、JSON.parseを用いることによってJSONファイルのデータを解析することができます。

ポイント

- 本節では、GASを使用したJSONファイルの解析方法について説明した
- JSONは、データのやりとりを作成するための文字列ベースのデータフォーマットである
- fetchメソッドやgetContentTextでJSONのテキストを取得する
- JSON.parseを使用することで、JSON内をオブジェクトとして扱うことができる

コラム

XMLとJSON

XMLとJSONは、データの表現方法としてよく使われるフォーマットです。
以下に、それぞれのフォーマットのメリットとデメリットを簡単に説明します。

XMLのメリット

- 構造化されたデータを表現しやすい
- 柔軟性があり、様々なデータを表現できる
- XMLのツールが豊富で、多くのプログラミング言語でサポートされている

XMLのデメリット

- タグが冗長で、ファイルサイズが大きくなりがち
- パーサーの処理が重く、処理速度が遅い

JSONのメリット

- データをコンパクトに表現できるため、ファイルサイズが小さくなる
- パーサーの処理が軽く、処理速度が速い

JSONのデメリット

- 構造化データを表現するのが苦手で、多くの場合、JSONのデータは単純な構造になる
- サポートされるプログラミング言語が限定される

3-5 CSVファイルを解析する

CSVとは

CSVとは、Comma-Separated Valuesの略称です。

文字データをカンマ（,）で区切ったテキストデータフォーマットを指します（図1）。

シンプルな構造であり、多くのツールでサポートされているため、データのインポート/エクスポートやデータベースとの連携フォーマットとしてよく使用されます。

のちほど、図1のCSVの構造のデータを読み込むスクリプトを書き、CSVファイルを読み込みます。

図1　CSVの構造例

フィールド行	連番,氏名,氏名(カタカナ),性別,電話番号,生年月日
データ行	1,福岡一彩,フクオカカズサ,女,0729338297,1994/10/15 2,前島悠菜,マエジマユウナ,女,0734626517,1993/05/25

CSVは、データの1レコードを1行として、各フィールドをカンマで区切って表現するシンプルなデータフォーマットです。

図1の例は、1行目はヘッダ行でフィールド名が記述されています。2行目以降がデータ行となり、各フィールドに対応するデータを記述しています。

Webサーバー上に配置されているCSVは、URLでリクエストを送ることによって情報を取得することができます。

次の項では、GASを用いてCSVの情報を取得する方法を紹介します。

CSVファイルを解析するサンプル

GASを用いてCSVファイルを解析するにあたって、Webサーバーにリクエストを送り、レスポンスの情報を得るところまではHTMLやXMLと一緒です。**fetchメソッド**でリクエストを送り、**getContentTextメソッド**で内容を取得します。

そのままではテキストデータが得られただけとなってしまいます。

そこで、CSV独特の構造からデータを取得するためのGASの提供クラス、**Utilitiesのparse Csvメソッド**を使用します（図2）。

図2　UtilitiesのparseCsvメソッド構文

```
Utilities.parseCsv(content)
```

引数のcontentの部分には、CSVのテキストデータを記述します。

Utilitiesのparse Csvメソッドを使用すると、戻り値として二次元配列を得ることができます（図3）。二次元配列は、配列の各要素にさらに配列が格納されているものです。

図3　二次元配列

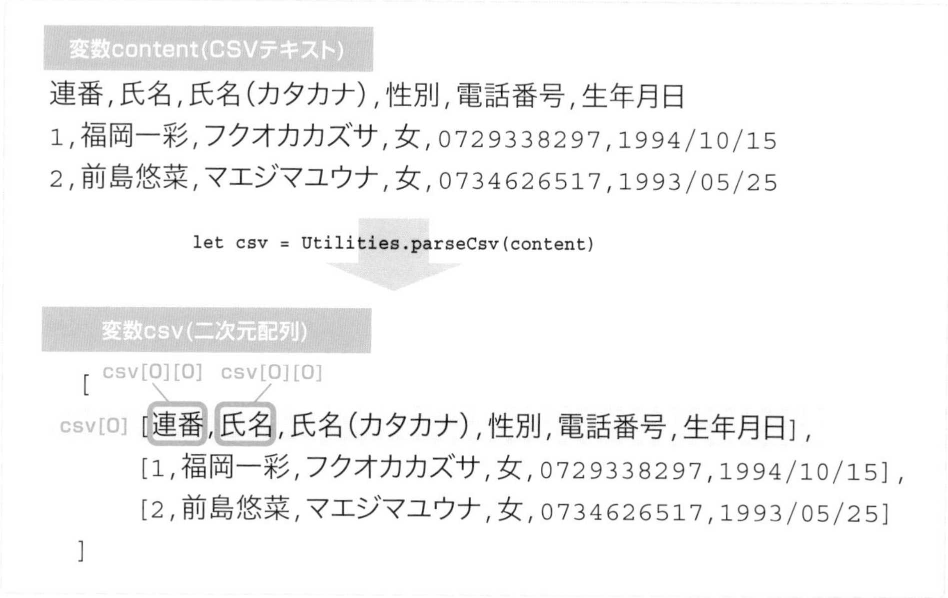

変数content(CSVテキスト)

連番,氏名,氏名(カタカナ),性別,電話番号,生年月日
1,福岡一彩,フクオカカズサ,女,0729338297,1994/10/15
2,前島悠菜,マエジマユウナ,女,0734626517,1993/05/25

let csv = Utilities.parseCsv(content)

変数csv(二次元配列)

```
[  csv[0][0]  csv[0][0]
csv[0] [連番,氏名,氏名(カタカナ),性別,電話番号,生年月日],
       [1,福岡一彩,フクオカカズサ,女,0729338297,1994/10/15],
       [2,前島悠菜,マエジマユウナ,女,0734626517,1993/05/25]
]
```

図3は、CSVテキストである変数contentに対し、「let csv = Utilities.parseCsv(content)」を実行した際にどのような二次元配列が得られるかを表しています。

CSVテキストの一行文が1つの配列となり、その配列がさらに配列として管理されている状態です。

例えば、二次元配列csvの1行目の1列目の「連番」という文字はcsv[0][0]で取得できます。1行目の2列目「氏名」という文字はcsv[0][1]で取得できます。

次のリスト1のスクリプトを新しく作成して、動作を確かめてみましょう。

▼リスト1　readCSV.gs CSVを読み込む

```
/*
 * Csvを読み込む
 */
function readCsv() {
  // 取得対象のURLを定義
  const URL = "https://ikachi.org/gas_sample/file/personal_
infomation.csv";

  // CSVファイルの取得
```

```
  let res = UrlFetchApp.fetch(URL);

  // CSVファイルのテキストデータの取得
  let content = res.getContentText("utf-8");

  // テキストデータを二次元配列としてパース
  let csv = Utilities.parseCsv(content);

  // それぞれの配列から特定の列数のテキストを取得してコンソールに出力
  for (let i = 0; i < csv.length; i++) {
    console.log(csv[i][1]);
  }
}
```

リスト1の例では、指定されたCSVファイルの2列目の要素を取得して、コンソールに出力しています。

実行すると、次の画面1のように氏名の列のテキストが出力されます。

▼画面1　CSVを読み込むスクリプトの実行結果

実行ログ

11:15:44	お知らせ	実行開始
11:15:47	情報	氏名
11:15:47	情報	福岡一彩
11:15:47	情報	前島悠菜
11:15:47	情報	前川和比古
11:15:47	情報	沼田波
11:15:47	情報	吉原清吉
11:15:47	情報	町田惟久馬
11:15:47	情報	李桜花
11:15:47	情報	中原梨花
11:15:47	情報	丸山恭三郎
11:15:47	情報	加瀬真弓
11:15:45	お知らせ	実行完了

このように、Utilities.parseCsvを用いることによってCSVファイルのデータを解析することができます。

ポイント

- 本節では、GASを使用したCSVファイルの解析方法について説明した
- CSVは、データのやりとりをするためのカンマ区切りのデータフォーマットである
- fetchメソッドやgetContentTextでCSVのテキストを取得する
- Utilities.parseCsvを使用することで、CSVファイルの解析ができる

CSVについて

以下に、CSVのメリットとデメリットを簡単に説明します。

CSVのメリット

- データを簡単かつ直感的に表現できる
- テキスト形式であるため、テキストエディタやスプレッドシートソフトウェアで扱いやすい
- ファイルサイズが小さく、ネットワーク上でのデータ転送が速い
- 多くのプログラム言語でCSVを読み込むライブラリが提供されている

CSVのデメリット

- データが表現しにくい場合がある。たとえば、セル内にカンマや改行が含まれている場合、データが崩れることがある
- データ型が明示されていないため、誤ったデータ型の解釈が生じることがある
- 複雑なデータの場合、多数の列が必要になることがある

コラム

プログラミング上達のコツ① サンプルを有効活用しよう！

プログラミングを上達させるためには、ほかの開発者が作成したソースコードを見て学ぶことです。

GASのもととなったJavaScriptの場合、ネット上にも豊富なサンプルがありますので、これらを参考にしない手はありません。

これらのサンプルに手を加えて独自の機能を追加したり、複数のサンプルをまとめて1つのプログラムにするなど、方法はさまざまです。

ただし、著作権には気を付けましょう。

万有引力を発見したアイザック・ニュートンは、その偉大な功績を残せた理由を尋ねられた際、「巨人の肩の上に立ったから」と答えたそうです。

その意味は、「偉大な功績を残せた理由は、それまで先人たちが積み上げてきた功績の上に乗っかって見通しの良いところからあたりを見渡すことができたから、広い視野を持つことができ、だからこそ発見できたのだ」と解釈されています。

ニュートンの逸話を引き合いに出すほどのことではありませんが、プログラミングについても同じことが言えます。

第 4 章

書籍データをスクレイピングしよう

本章では、GASでWebページ上の複数の書籍データをスクレイピングし、スプレッドシートに情報を転記する方法について説明します。

4-1 本章で使うサンプルサイトについて

サンプルプログラムの検証で使用するWebページについて

今回の検証で使用するWebページは、複数の書籍の表が記載されています。Google Chromeブラウザで次のアドレスに、アクセスしてみてください。

https://www.ikachi.org/gas_sample/books/

次のような画面が表示されます（画面1）。

▼**画面1**　https://www.ikachi.org/gas_sample/books/の画面表示

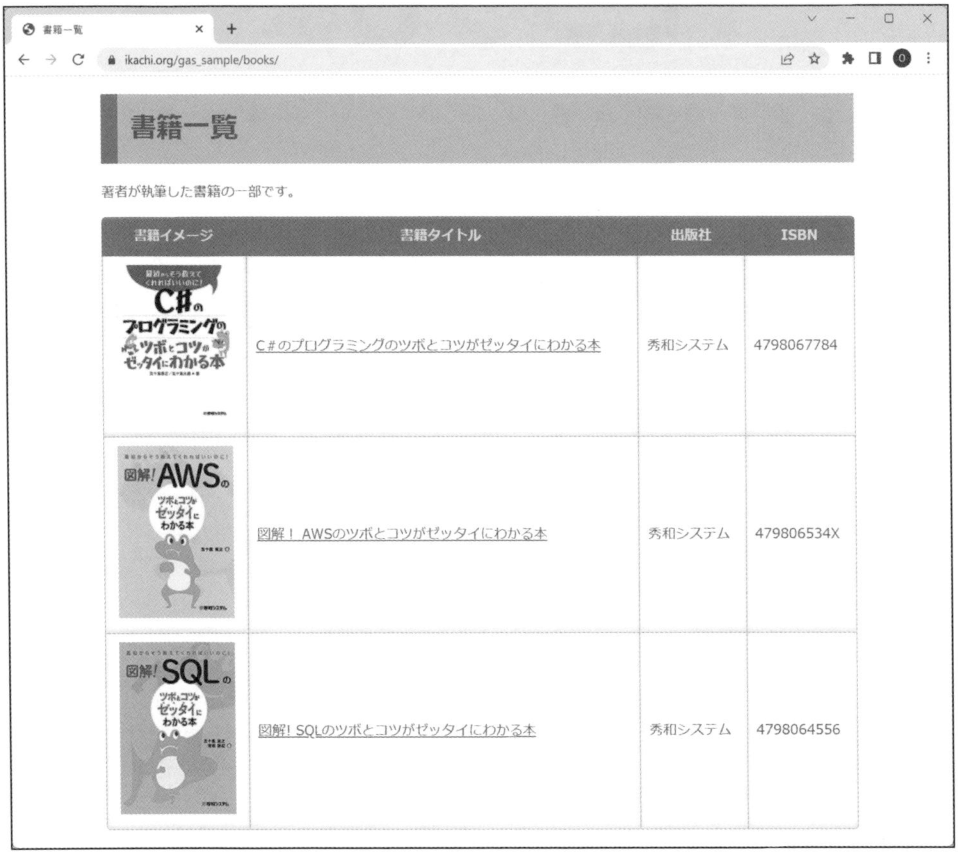

書籍一覧

ikachi.org/gas_sample/books/

書籍一覧

著者が執筆した書籍の一部です。

書籍イメージ	書籍タイトル	出版社	ISBN
	C#のプログラミングのツボとコツがゼッタイにわかる本	秀和システム	4798067784
	図解！ AWSのツボとコツがゼッタイにわかる本	秀和システム	479806534X
	図解! SQLのツボとコツがゼッタイにわかる本	秀和システム	4798064556

今回はこのページ内のうち、「書籍タイトル」と「ISBN」の列の情報を解析して、スプレッドシートに転記することを目標とします。

「書籍タイトル」と「ISBN」の列を取得するにあたって、どのような構成で記述されているかを確認します。

まずは、任意の「書籍タイトル」上で右クリックをし、「検証」をクリックしてください（画面2）。

▼画面2 「検証」をクリック

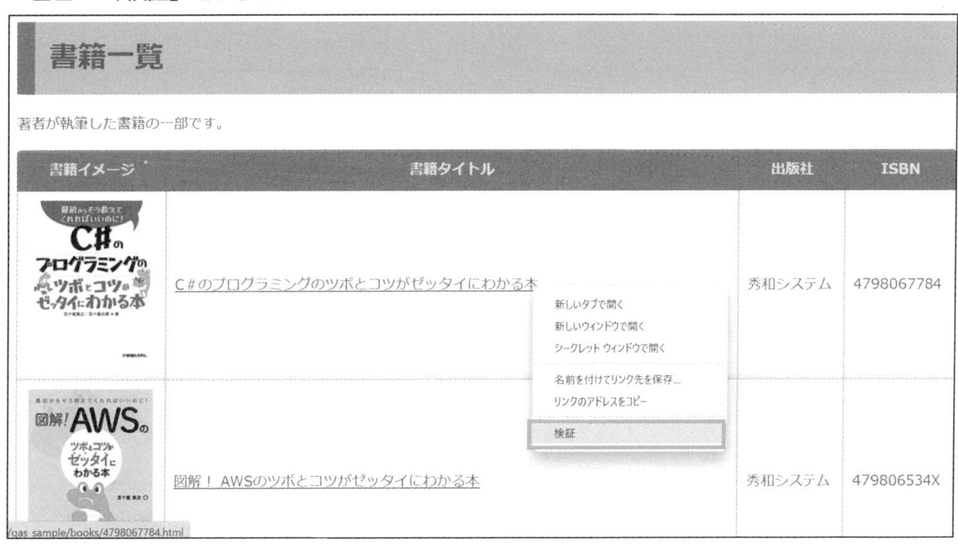

デベロッパーツールを確認すると、該当箇所はtableタグで囲われていることがわかります（画面3）。

▼画面3 デベロッパーツール

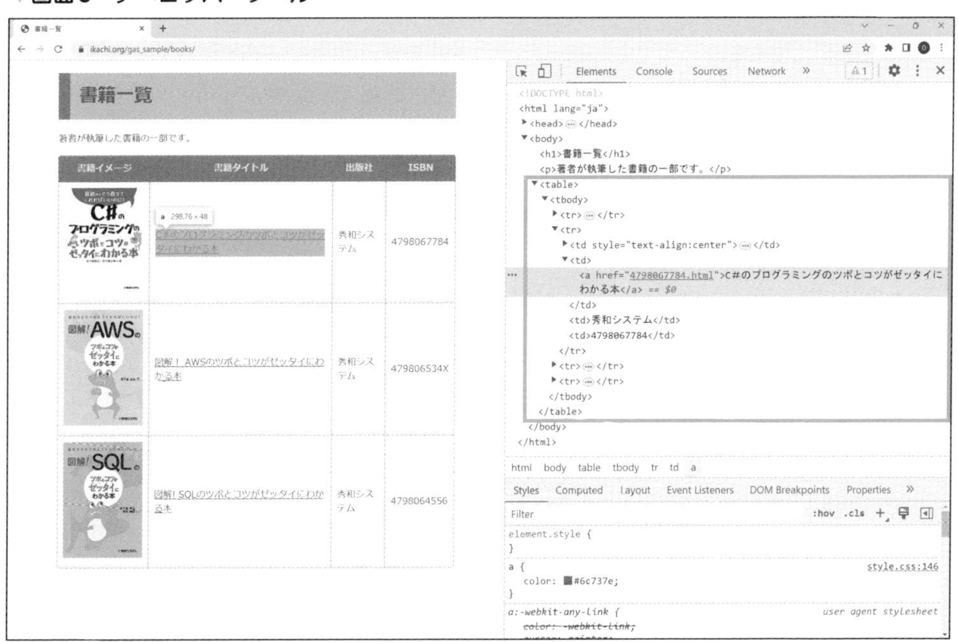

tableタグは、HTMLにおいて表を作成できるタグです。1行を表すtrタグや、1データを

表すtdタグと組み合わせて使用します（図1）。

図1 tableタグの構造

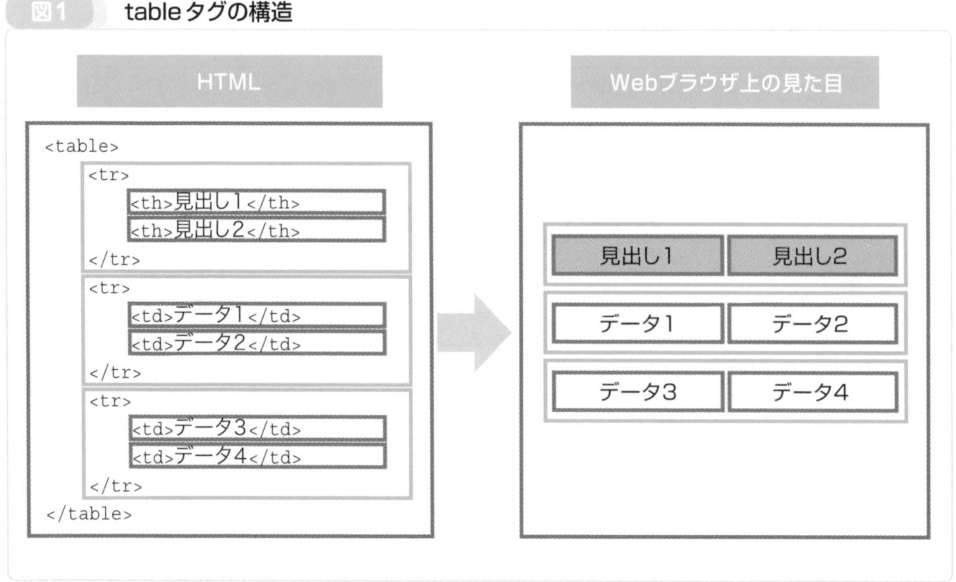

tableタグは、テーブル全体を囲うタグです。

trタグは**Table Row**の略であり、横一列を示す行を定義します。

thタグは**Table Header**の略であり、表の見出しを定義します。通常、表の1行目または1列目のマスを見出しとして、thで定義します。trタグの内部に記述します。

tdタグは**Table Data**の略であり、表の1データを定義します。trタグの内部に記述します。

tableタグの構造について確認ができましたので、改めてサンプルサイトのデベロッパーツールを確認してみましょう。

書籍タイトルやISBNのデータが入っているtdタグには、列を特定するような情報は特に入っていません。このままでは、Parserを用いた解析で、得たい情報を直接特定することは難しいです。

そこで、本節では、HTML中の表を配列として扱う方法について学習し、表の中の特定の列の情報を抜き出せるようにします。

また、抜き出した情報をスプレッドシートに転記する方法についても学習します。

ポイント

- 本節では、サンプルプログラムの検証で使用するWebページについて説明した
- HTML中の表はtableタグで表され、1行はtrタグ、1データはtdタグで囲われる

4-2 書籍タイトルとISBNを取得する

tableタグのデータを解析するサンプル

前節では、今回の検証で使用するWebページについて確認しました。

取得対象としたい「書籍タイトル」と「ISBN」は、tableタグの一部の列として記述されています。

そこで、tableタグの内容をスクリプト上で配列として扱えるようにすることによって、特定の列の値を取得する方法を紹介します。

前節で解説した通り、テーブルは1行を示すtrタグ、1データを示すtdタグから成り立っています。

次のように段階を踏んで、tableタグの内容を取り出せる形にしていきます。

(1) trごとの要素を文字列として持つ配列を作成する
(2) tr内のtdごとの要素を文字列として持つ二次元配列を作成する
(3) 任意のデータを取り出し、必要に応じて加工する

まずは、(1) trごとの要素を文字列として持つ配列を作成する部分を作成します。

テーブル全体を1つの配列とみなし、それぞれの<tr>から</tr>の間に書かれている文字を1つの要素として持っているようなイメージをしてください（図1）。

図1 <tr>ごとの配列のイメージ

Webブラウザ上の見た目

HTML

```
<table>
  <tr>
    <th>書籍イメージ</th>
    <th>書籍タイトル</th>
    <th>出版社</th>
    <th>ISBN</th>
  </tr>
  <tr>
    <td style="text-align:center"><img src="../../images/20221120_s.jpg"></td>
    <td><a href="4798067784.html">C#のプログラミングのツボとコツがゼッタイにわかる本</a></td>
    <td>秀和システム</td>
    <td>4798067784</td>
  </tr>
  <tr>
    <td style="text-align:center"><img src="../../images/20211217_s.jpg"></td>
    <td><a href="479806534X.html">図解！ AWSのツボとコツがゼッタイにわかる本</a></td>
    <td>秀和システム</td>
    <td>479806534X</td>
  </tr>
  <tr>
    <td style="text-align:center"><img src="../../images/20210730_s.jpg"></td>
    <td><a href="4798064556.html">図解! SQLのツボとコツがゼッタイにわかる本</a></td>
    <td>秀和システム</td>
    <td>4798064556</td>
  </tr>
</table>
```

配列[0]
配列[1]
配列[2]
配列[3]

3-2節「HTMLファイルを解析する」では、Parserのbuild()を用いて、ある文字からある文字までの間の文字を1つだけ解析する手法を学習しました。

今回は、複数個の「<tr>」から「</tr>」の間の文字を全て取得します。

この場合、Parserのiterate()を使用できます（図2）。

図2 iterate()の使用方法

```
Parser.data(content).from('開始パターン')
                    .to('終了パターン').iterate();
```

次のリスト1のスクリプトを新しく作成して、動作を確かめてみましょう。

前章と異なるプロジェクトでGASを作成した場合は、あらためてParserライブラリの追加をする必要があります。

3-2節と同様に、ParserライブラリのスクリプトIDを取得してください。別のタブから以下のURLにアクセスしてください。

https://ikachi.org/gas_sample

前章と同じプロジェクト内など、すでにParserライブラリが追加済のプロジェクトでgsファイルを作成した場合は、あらためてParserライブラリを追加する必要はありません。

▼リスト1 getBookData01.gs tableタグの解析

```
/*
 * tableタグの解析
 */
function getBookData01() {
  // 取得対象のURLを定義
  const URL = "https://www.ikachi.org/gas_sample/books/";

  //HTMLページの取得
  let res = UrlFetchApp.fetch(URL);

  // HTMLページのテキストデータの取得
  let content = res.getContentText("utf-8");

  // HTMLを解析し、tableデータを取得
  let table = Parser.data(content).from('<tr>').to('</tr>').iterate();

  // 出力
  console.log(table);
}
```

リスト1のスクリプトは、指定されたURLにアクセスして、そのページに含まれる<tr>タグで囲まれたテキストデータを取得します。

iterate()を使って、<tr>タグで囲まれたテキストデータを順に取り出し、table変数に格納しています。

リスト1のスクリプトを実行すると、次の画面1のような実行結果となります。

▼画面1　getBookData01の実行結果

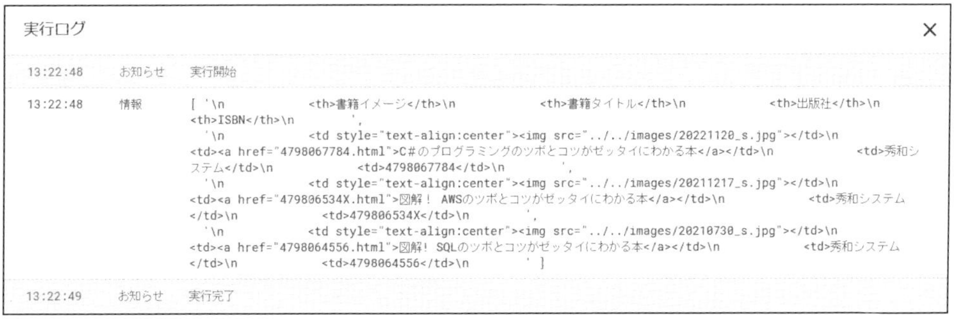

```
実行ログ                                                                                    ×
13:22:48  お知らせ  実行開始
13:22:48  情報      [ '\n        <th>書籍イメージ</th>\n        <th>書籍タイトル</th>\n        <th>出版社</th>\n
                    <th>ISBN</th>\n      ',
                      '\n        <td style="text-align:center"><img src="../../images/20221120_s.jpg"></td>\n
                    <td><a href="4798067784.html">C#のプログラミングのツボとコツがゼッタイにわかる本</a></td>\n        <td>秀和シ
                    ステム</td>\n        <td>4798067784</td>\n      ',
                      '\n        <td style="text-align:center"><img src="../../images/20211217_s.jpg"></td>\n
                    <td><a href="479806534X.html">図解！ AWSのツボとコツがゼッタイにわかる本</a></td>\n        <td>秀和システム
                    </td>\n        <td>479806534X</td>\n      ',
                      '\n        <td style="text-align:center"><img src="../../images/20210730_s.jpg"></td>\n
                    <td><a href="4798064556.html">図解! SQLのツボとコツがゼッタイにわかる本</a></td>\n        <td>秀和システム
                    </td>\n        <td>4798064556</td>\n      ' ]
13:22:49  お知らせ  実行完了
```

配列[]の中に、カンマ区切りで文字列が4行分定義されていることがわかります。

さらに、それぞれの要素の中で、今回取り出したい「書籍タイトル」や「ISBN」のデータは、それぞれ<td>で囲われています。そこで、<td>から</td>までに囲われている文字をさらに取り出していきましょう。

次のリスト2のようにgetBookData01.gsの18行目をコメント化し、19行目〜29行目の追記をしてください。

▼リスト2　getBookData01.gs tableタグの解析

```
001:/*
002: * tableタグの解析
003: */
004:function getBookData01() {
005:  // 取得対象のURLを定義
006:  const URL = "https://www.ikachi.org/gas_sample/books/";
007:
008:  //HTMLページの取得
009:  let res = UrlFetchApp.fetch(URL);
010:
011:  // HTMLページのテキストデータの取得
012:  let content = res.getContentText("utf-8");
013:
014:  // HTMLを解析し、tableデータを取得
015:  let table = Parser.data(content).from('<tr>').to('</tr>').
    iterate();
```

```

  // 出力
  //console.log(table);

  //  空の配列を用意
  let tableList = [];

  //  行ごとの二次元配列を作成
  for (let i = 0; i < table.length; i++) {
    tableList[i] = Parser.data(table[i]).from('<td>').to('</td>').
iterate();
  }

  // 出力
  console.log(tableList);
}
```

上記の例では、空の配列tableListを用意しています。その後、for文の中でtable配列の行数分、<td>から</td>で囲われた文字列を配列として作成しています。

スクリプトを実行すると、次の画面2のように出力されます。

▼画面2　getBookData01の実行結果

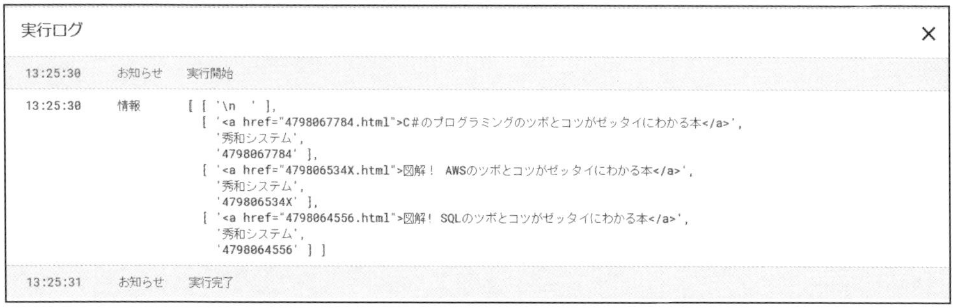

```
実行ログ                                                               ×
13:25:30    お知らせ    実行開始
13:25:30    情報        [ [ '\n  ' ],
                          [ '<a href="4798067784.html">C#のプログラミングのツボとコツがゼッタイにわかる本</a>',
                            '秀和システム',
                            '4798067784' ],
                          [ '<a href="479806534X.html">図解！ AWSのツボとコツがゼッタイにわかる本</a>',
                            '秀和システム',
                            '479806534X' ],
                          [ '<a href="4798064556.html">図解！ SQLのツボとコツがゼッタイにわかる本</a>',
                            '秀和システム',
                            '4798064556' ] ]
13:25:31    お知らせ    実行完了
```

tableタグの１行目は表のデータを示すtdタグではなく、表の見出しを示すthタグが書かれていたため、<td>から</td>の文字列解析には該当せず、改行をあらわす\nのみが残っています。

2行目以降は、列目にあった<td style="～>のタグは、「<td>」の文字列解析に該当しないため、2列目移行の<td>から</td>に該当する箇所がそれぞれ配列の要素として追加されています。

あとは、tableList配列の2番目の要素から順に、書籍タイトルの列のaタグ内の文字と、

ISBNの列をそれぞれ実行ログに出力する処理を追記します。

次のリスト3のようにgetBookData01.gsの29行目をコメント化し、31行目〜35行目の追記をしてください。

▼リスト3 getBookData01.gs tableタグの解析

```
001:/*
002: * tableタグの解析
003: */
004:function getBookData01() {
005:  // 取得対象のURLを定義
006:  const URL = "https://www.ikachi.org/gas_sample/books/";
007:
008:  //HTMLページの取得
009:  let res = UrlFetchApp.fetch(URL);
010:
011:  // HTMLページのテキストデータの取得
012:  let content = res.getContentText("utf-8");
013:
014:  // HTMLを解析し、tableデータを取得
015:  let table = Parser.data(content).from('<tr>').to('</tr>').iterate();
016:
017:  // 出力
018:  //console.log(table);
019:
020:  //  空の配列を用意
021:  let tableList = [];
022:
023:  //  行ごとの二次元配列を作成
024:  for (let i = 0; i < table.length; i++) {
025:    tableList[i] = Parser.data(table[i]).from('<td>').to('</td>').iterate();
026:  }
027:
028:  // 出力
029:  // console.log(tableList);
030:
031:  // 実行ログに出力
032:  for (let i = 1; i < tableList.length; i++) {
033:    console.log("書籍タイトル：" + Parser.data(tableList[i][0]).from('.html">').to('</a>').build() +
```

```
                       ", ISBN：" + tableList[i][2]);
  }
}
```

リスト3の例では、tableListの2番目の要素から順に、書籍タイトルとISBNを実行ログに出力しています。

書籍タイトルはaタグで囲われているため、「.html>」から「</a>」の間にある文字を解析したうえで出力しています。このとき、データは1件であることがわかっているため、Parserのbuild()を使用しています。

スクリプトを実行すると、次の画面3のように出力されます。

▼画面3　getBookData01の実行結果

実行ログ

13:31:23	お知らせ	実行開始
13:31:24	情報	書籍タイトル：C#のプログラミングのツボとコツがゼッタイにわかる本, ISBN：4798067784
13:31:24	情報	書籍タイトル：図解！ AWSのツボとコツがゼッタイにわかる本, ISBN：479806534X
13:31:24	情報	書籍タイトル：図解！ SQLのツボとコツがゼッタイにわかる本, ISBN：4798064556
13:31:24	お知らせ	実行完了

実行ログに3件の書籍情報が出力されました。

次の項では、取得した情報をスプレッドシートに転記する方法を紹介します。

ポイント

- 本節では、tableタグのデータを解析するサンプルについて説明した
- Parserで複数の値を取得するときは、iterate()を使用する

4-3 書籍データをスプレッドシートに転記する

スプレッドシートにデータを転記するサンプル

前節では、tableタグの内容を取得し、特定の列の値を実行ログへ出力する方法を学習しました。

今回は、取得した情報をスプレッドシートに転記する方法を紹介します。

取得した情報をスプレッドシートに転記するには、表示用の配列を作成したうえで、出力先のスプレッドシートの情報を取得し、スプレッドシートの指定の範囲にデータを出力します。

まずは、表示用の配列を作成する部分について考えます。

今回は、次の図1の「表示用の配列」のようにスプレッドシートに情報を出力する想定をします。

図1　完成イメージ

tableList

¥n		
<a href="4798067784.html"> C#のプログラミングのツボとコツがゼッタイにわかる本</a>	秀和システム	4798067784
<a href="479806534X.html"> 図解！ AWSのツボとコツがゼッタイにわかる本</a>	秀和システム	479806534X
<a href="4798064556.html"> 図解! SQLのツボとコツがゼッタイにわかる本</a>	秀和システム	4798064556

表示用の配列

C#のプログラミングのツボとコツがゼッタイにわかる本	4798067784
図解！ AWSのツボとコツがゼッタイにわかる本	479806534X
図解! SQLのツボとコツがゼッタイにわかる本	4798064556

前節までに作成したtableListには、まだ不要な情報がある状態のため、表示用の配列を改めて作成し、その配列をスプレッドシートに転記します。

続いて、出力先のスプレッドシートの情報を取得する方法を紹介します。

出力先のスプレッドシートの情報を取得するには、SpreadsheetAppのopenByIdとgetSheetByNameを使用します（図2）。

図2　スプレッドシートの情報を取得する方法

```
SpreadsheetApp.openById (id). getSheetByName(シート名);
```

スプレッドシートのURLのうち、「/d/」から「/edit」の間の文字がスプレッドシートのIDであり、SpreadsheetAppのopenByIdの引数として記載する「id」に該当します（図3）。

図3 スプレッドシートのID

また、スプレッドシートの指定の範囲にデータを出力する方法を紹介します。

スプレッドシートの指定の範囲にデータを出力するには、取得したスプレッドシートの情報に対して、**getRange**で範囲を指定し、**setValues**で値を設定します（図4）。

図4 スプレッドシートの指定の範囲にデータを出力する方法

```
sheet.getRange( 範囲 ).setValues( 値 );
```

sheetの部分は、出力先のスプレッドシートの情報が格納された変数名を指しています。

範囲の部分は、データの指定方法が4種類あります。

(1) getRange(行番号, 列番号)

1つのセルの範囲を指定する方法です。取得したいセルの位置を、行番号と列番号で指定します。

例えば、A1セルを取得したい場合は、getRange(1, 1)のように記述します。

(2) getRange(行番号, 列番号, 行数)

(1) に加え、縦方向にデータを複数取得する方法です。

取得したいセルの開始位置を行番号と列番号で指定し、行数を指定します。

例えば、A1からA4の範囲を取得したい場合は、getRange(1,1,4)のように記述します。

(3) getRange(行番号, 列番号, 行数, 列数)

(2) に加え、横方向のデータも複数取得する方法です。

取得したいセルの開始位置を行番号と列番号で指定し、行数と列数を指定します。

例えば、A1からB4の範囲を取得したい場合は、getRange(1,1,4,2)のように記述します。

(4) getRange("R1C1形式")

いわゆる「A1」などのアルファベットの列数と数字の行数での表記に対応した表記です。

複数範囲にも対応しており、getRange(A1:B4)のように記述すると、getRange(1,1,4,2)と同じ範囲の指定ができます。

次のリスト1のようにgetBookData02.gsを作成してください。

5行目～23行目は、getBookData01.gsからコピーしてきましょう（4-2節参照）。

35行目のSpreadsheetApp.openByIdの部分は、ご自身でGoogleDrive内に新しくスプレッドシートを作成し、IDをコピーして貼り付けてください。

▼リスト1　getBookData02.gs スプレッドシートへの転記

```
001:/*
002: * スプレッドシートへの転記
003: */
004:function getBookData02() {
005:  // 取得対象のURLを定義
006:  const URL = "https://www.ikachi.org/gas_sample/books/";
007:
008:  //HTMLページの取得
009:  let res = UrlFetchApp.fetch(URL);
010:
011:  // HTMLページのテキストデータの取得
012:  let content = res.getContentText("utf-8");
013:
014:  // HTMLを解析し、tableデータを取得
015:  let table = Parser.data(content).from('<tr>').to('</tr>').iterate();
016:
017:  //  空の配列を用意
018:  let tableList = [];
019:
020:  //  行ごとの二次元配列を作成
021:  for (let i = 0; i < table.length; i++) {
022:    tableList[i] = Parser.data(table[i]).from('<td>').to('</td>').iterate();
023:  }
024:
025:  // 出力用の配列を作成
026:  let showList = [];
027:
028:  for (let i = 1; i < tableList.length; i++) {
029:    showList[i-1] = [];
030:    showList[i-1][0] = Parser.data(tableList[i][0]).from('.html">').to('</a>').build();
031:    showList[i-1][1] = tableList[i][2];
032:  }
033:
```

```
034:  // 出力先のスプレッドシートの情報を取得
035:  var sheet = SpreadsheetApp.openById('スプレッドシートのID').
    getSheetByName('シート1');
036:
037:  // スプレッドシートの指定の範囲にデータを出力する
038:  sheet.getRange(1, 1, showList.length, showList[0].length).
    setValues(showList);
039:}
```

リスト1について見ていきます。

26行目では出力用の配列を作成しています。

28行目では、tableListの0番目はデータが入っていないため、1番目から繰り返しを始められるよう、カウンタ変数の初期化はi=1で行っています。

29行目からは出力用の配列の要素内にさらに配列を作成することによって、二次元配列を作成しています。

38行目のgetRangeには、A1から、表示用配列の大きさに応じた範囲を選択できるように、lengthプロパティを使用しています。

リスト1のスクリプトを実行し、スプレッドシートを確認すると、次の画面1のようにA1の範囲から表示用の配列が出力されます。

▼画面1 getBookData02の実行結果

	A	B
1	C#のプログラミングのツボとコツがゼッタイにわかる本	4798067784
2	図解！ AWSのツボとコツがゼッタイにわかる本	479806534X
3	図解! SQLのツボとコツがゼッタイにわかる本	4798064556

このように、IDや出力先の範囲を必要に応じて書き換えることによって、スプレッドシートに好きな値を出力することができます。

ポイント

- 本節では、スプレッドシートにデータを転記するサンプルについて説明した
- 出力先のスプレッドシートの情報を取得するには、SpreadsheetAppのopenByIdとgetSheetByNameを使用する
- スプレッドシートの指定の範囲にデータを出力するには、取得したスプレッドシートの情報に対して、getRangeで範囲を指定し、setValuesで値を設定する

リンク先の情報を取得する

リンク先の情報を取得するサンプル

前節では、tableタグの内容を取得し、特定の列の値をスプレッドシートに転記する方法を紹介しました。

今回は、さらにtableタグの中に記載があるリンク先の情報として含まれている「概要」も、同一のスプレッドシートに転記します。

今回の解析対象である次のアドレスに、Google Chromeブラウザでアクセスしてみてください。

https://www.ikachi.org/gas_sample/books/

それぞれの書籍タイトルにはリンクが設定されており、クリックすると書籍の詳細ページに遷移します（図1）。

図1　画面の遷移確認

書籍一覧ページ　→　書籍詳細ページ

「概要：」以降の文章を、スプレッドシートに転記していきます。

リンク先の情報をスプレッドシートに転記するにあたって、表示用の配列を作成する繰り返し構文の中で、以下の手順を踏みます。

(1) 該当の書籍のリンク先のURLを解析する
(2) (1) で解析したURLをfetchし、HTML情報を取得する
(3) (2) で取得したHTMLを解析し、「概要：」の記載内容を取得する
(4) (3) で取得した記載内容を、スプレッドシートへの表示用の配列に追加する

(1) 該当の書籍のリンク先のURLを解析する

まずは、「(1) 該当の書籍のリンク先のURLを解析する」から説明します。

あらためて、書籍一覧の表のうち2行目以降の「書籍タイトル」列で右クリック→［検証］をクリックし、HTMLの記述を確認してみましょう（画面1)。

▼画面1　書籍タイトル列の検証

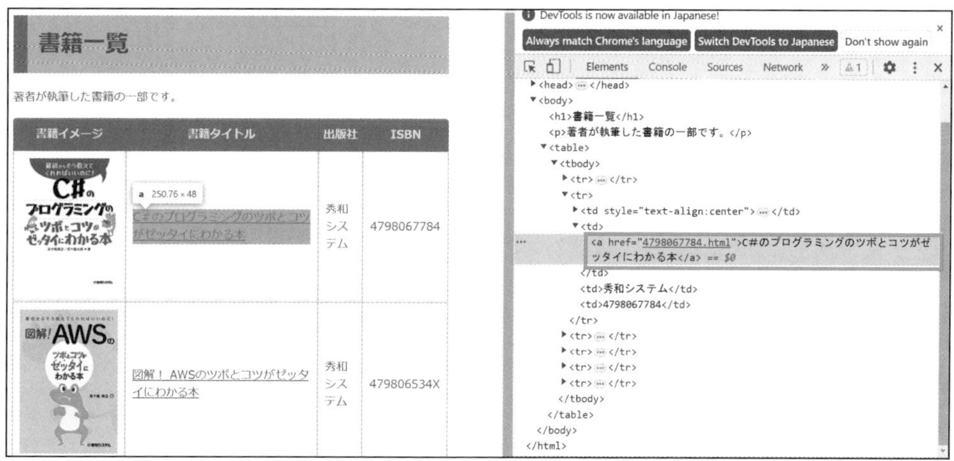

aタグのhref属性には、リンク先のパスが記述されています。

例えば、「C＃のプログラミングのツボとコツがゼッタイにわかる本」のリンク先には「4798067784.html」が指定されています。これは、現在表示している「https://www.ikachi.org/gas_sample/books/」の末尾に「4798067784.html」を追記し、「https://www.ikachi.org/gas_sample/books/4798067784.html」に遷移することを表しています。

つまり、該当の書籍のリンク先のURLは、「書籍一覧のURL＋各書籍タイトルのhref属性の内容」で表すことができます。そのため、該当の書籍のリンク先のURLを解析する記述は次の図2のようになります。

図2　書籍のリンク先のURLを解析する記述

```
for (let i = 1; i < tableList.length; i++) {
    showList[i-1] = [];
    showList[i-1][0] = Parser.data(tableList[i][0]).from('.html">').to('</a>').build();
    showList[i-1][1] = tableList[i][2];
    // 該当の書籍のリンク先のURLを解析する
    let linkURL = URL + Parser.data(tableList[i][0]).from('href="').to('">').build();

}
```

https://www.ikachi.org/gas_sample/books/ ＋ ○○.html 部分の解析

定義済の書籍一覧のURLに加え、「○○.html」の部分はParserを用いて、書籍タイトル列のデータを示すtableList[i][0]に対して「href="」から「">」部分の文字列解析をしています。

ここまでで、以下の手順のうち、(1) の記述が完了した状態となります。

(1) 該当の書籍のリンク先のURLを解析する
(2) (1) で解析したURLをfetchし、HTML情報を取得する
(3) (2) で取得したHTMLを解析し、「概要：」の記載内容を取得する
(4) (3) で取得した記載内容を、スプレッドシートへの表示用の配列に追加する

(2) (1) で解析したURLをfetchし、HTML情報を取得する

続いて、(2)「(1) で解析したURLをfetchし、HTML情報を取得する」について説明します。

URLをfetchし、HTML情報を取得する方法は、対象となるURLが (1) で解析したものに変わるのみで、手順はこれまでと変わりません。

fetchでレスポンスを取得し、getContentTextで文字列を取得します。

そうすることによって、リンク先のHTMLを取得できた状態となるため、その文字列に対して得たい情報を解析していきましょう。

(3) (2) で取得したHTMLを解析し、「概要：」の記載内容を取得する

(3)「(2) で取得したHTMLを解析し、「概要：」の記載内容を取得する」では、入手したい情報部分のHTML記述内容を確認します。

任意の書籍タイトルをクリックして書籍詳細ページに遷移し、「概要：」の記載部分で右クリック -> 「検証」をクリックしてください（画面2）。

▼画面2 「概要：」の記載部分

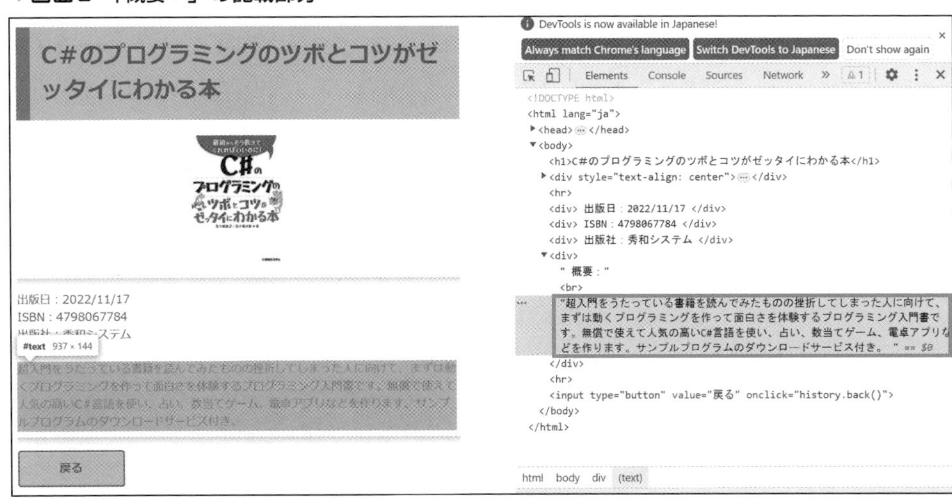

取得対象の部分を確認すると、リンク先の
から</div>までをparseすることによって目的の文字列を得ることができそうです。

(4) (3) で取得した記載内容を、スプレッドシートへの表示用の配列に追加する

4-3節のgetBookData02.gsをコピーして、新しくgetBookData03.gsを作成し、表示用の配列を作成するfor文の中にリスト1のように33～39行目を追記してください。

▼リスト1　getBookData03.gs リンク先の情報取得

```
001:/*
002: * リンク先の情報取得
003: */
004:function getBookData03() {
005:  // 取得対象のURLを定義
006:  const URL = "https://www.ikachi.org/gas_sample/books/";
007:
008:  //HTMLページの取得
009:  let res = UrlFetchApp.fetch(URL);
010:
011:  // HTMLページのテキストデータの取得
012:  let content = res.getContentText("utf-8");
013:
014:  // HTMLを解析し、tableデータを取得
015:  let table = Parser.data(content).from('<tr>').to('</tr>').
    iterate();
016:
017:  //  空の配列を用意
018:  let tableList = [];
019:
020:  //  行ごとの二次元配列を作成
021:  for (let i = 0; i < table.length; i++) {
022:    tableList[i] = Parser.data(table[i]).from('<td>').to('</td>').
    iterate();
023:  }
024:
025:  // 出力用の配列を作成
026:  let showList = [];
027:
028:  for (let i = 1; i < tableList.length; i++) {
029:    showList[i-1] = [];
030:    showList[i-1][0] = Parser.data(tableList[i][0]).from('.html">').
    to('</a>').build();
031:    showList[i-1][1] = tableList[i][2];
032:
```

```
033:     // 該当の書籍のリンク先のURLを解析する
034:     let linkURL = URL+Parser.data(tableList[i][0]).from('href="').
    to('">').build();
035:     // 解析したURLをfetchし、HTML情報を取得する
036:     let linkRes = UrlFetchApp.fetch(linkURL);
037:     let linkContent = linkRes.getContentText("utf-8");
038:     // 取得したHTMLを解析し、「概要：」の記載内容を取得しスプレッドシートへの
    表示用の配列に追加する
039:     showList[i-1][2] = Parser.data(linkContent).from("<br>").to("</
    div>").build();
040:   }
041:
042:   // 出力先のスプレッドシートの情報を取得
043:   var sheet = SpreadsheetApp.openById('スプレッドシートのID').
    getSheetByName('シート1');
044:
045:   // スプレッドシートの指定の範囲にデータを出力する
046:   sheet.getRange(1, 1, showList.length, showList[0].length).
    setValues(showList);
047:}
```

39行目では、表示用の配列の3つめの列要素として、概要の内容を格納しています。

リスト1のコードを実行し、スプレッドシートを確認すると、C列に概要が追記されていることがわかります（画面3）。

▼画面3　getBookData03の実行結果

gas_sample
ファイル　編集　表示　挿入　表示形式　データ　ツール　拡張機能　ヘルプ

	A	B	C	D	E	F
1	C#のプログラミングのツボとコツがゼッタイにわかる本	4798067784	超入門をうたっている書籍を読んでみたものの挫折してしまった人			
2	図解！ AWSのツボとコツがゼッタイにわかる本	479806534X	AWSはAmazon社が提供する、世界でもっとも利用されているクラ			
3	図解! SQLのツボとコツがゼッタイにわかる本	4798064556	カエル君が、どのSQLの入門書・解説書よりもやさしく、わかりや			
4						

このように、fetchやParserを活用して、リンク先の情報を得ることができます。

また、最初にgetBookData02を作成した際に、スプレッドシートへの出力範囲を絶対値ではなく配列.lengthで配列の長さ分を指定していたため、今回のように出力したいデータが増えたときに出力範囲を修正することなく、出力対象を追加できました。

このように、配列を扱うような表示をしたいときは、範囲を指定する際に拡張性を考え、lengthなどを活用して記述することはとても重要です。

ポイント

- 本節では、URLのリンク先からデータを取得するサンプルについて説明した
- fetchやParserを活用して、リンク先の情報を得ることができる
- 配列を扱うような表示をしたいときは、範囲を指定する際に拡張性を考え、lengthなどを活用して記述する

4-5 スプレッドシートから GASを作成する

スプレッドシートからGASを作成する方法

前節までは、GASでtableタグの内容を取得し、特定の列の値やリンク先の情報をスプレッドシートに転記する方法を紹介しました。

今回は、スプレッドシートからGASを作成し、functionを呼び出す方法を紹介します。

任意の場所に、新しくGoogleスプレッドシートを任意の名前で作成してください。

作成したら、「拡張機能」から「Apps Script」を選択してください（画面1）。

▼画面1　スプレッドシートの拡張機能からApps Scriptを選択

拡張機能からApps Scriptを選択すると、GASプロジェクトが別タブで新規作成されます（画面2）。

▼画面2　GASプロジェクトの作成

このGASプロジェクトは、もともと開いていたスプレッドシートと自動で紐づいています。そのため、このプロジェクト内で定義した関数は、作成元のスプレッドシートから呼び出すことができます。

スプレッドシートから関数を呼び出すと、関数内の記述内容が実行されます。

コード.gs内にはデフォルトでmyFunction()という名前のfunctionが定義されています。myFunction()部分を、リスト1のように書き換えてください。

▼リスト1　コード.gs myFunctionの定義

```
/*
 * functionの定義
 */
function myFunction(x,y) {

  let sum = x + y;

  return x + 'と' + y + 'の合計は' + sum + 'です';
}
```

myFunctionを保存したら、スプレッドシートに戻って、関数の呼び出しをします。
スプレッドシートから紐づいたGAS関数を呼び出すには、通常の「関数」の呼び出しの記述の冒頭に「=」をつけます（図1）。

図1　スプレッドシートからの関数の呼び出しかた

```
=関数名（引数1，引数2，…）
```

スプレッドシートのA1,B1セルに好きな数値を入力し、C1セルから=myFunction(A1,B1)を入力してください（画面3）。

▼画面3　スプレッドシートの記述

スプレッドシートに記載した=myFunction(A1,B1)の「A1」の部分にはA1セルに入力した数字、「B1」にはB1セルに入力した数字が入った状態で、GASのmyFunctionが呼び出されます。

GASのmyFunctionの変数xにはA1セルの値、変数yにはB1セルの値が入り、最終的にはreturnの直後に書いている文字が呼び出し元であるスプレッドシートのC1に返却されます(図2)。

図2　myFunctionの呼び出し結果

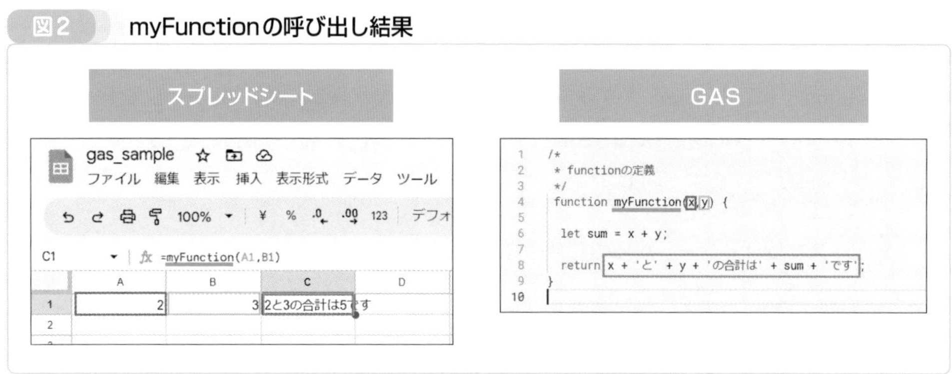

このように、スプレッドシートに返却したい値をreturnで記述しておくことによって、スプレッドシートの任意の場所から関数を呼び出すことができます。

それでは、プロジェクト内でgetBookData04.gsを新規作成してください(リスト2)。

前節で作成したgetBookData03.gsの内容を全てコピーして、新しいプロジェクトのgetBookData04.gsに貼り付けてください(図3)。

図3　スクリプトのコピー

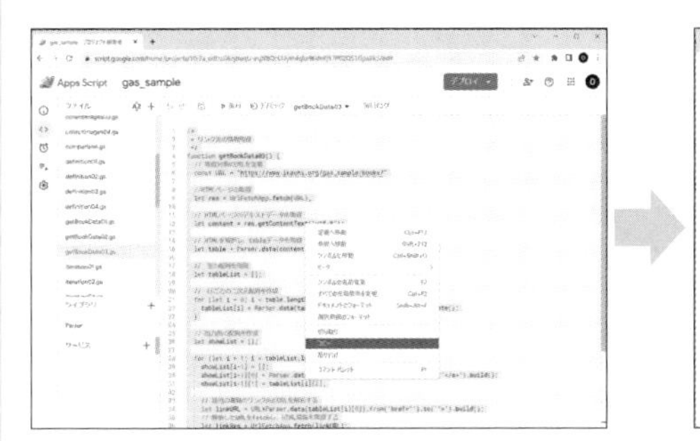

作成済のgetBookData03.gsを
すべて選択し、コピー

新しいプロジェクトのgetBookData04.gs
へ貼り付けて修正

このとき、以下の3点を修正しましょう（リスト2）。

（1）function名をgetBookData04に変更してください
（2）「// 出力先のスプレッドシートの情報を取得」および「// スプレッドシートの指定の範囲にデータを出力する」の記述部分は削除、もしくはコメントアウトしてください
（3）「 // 出力用の配列を作成」のfor文の後に、return文を記載し、showListを返却してください

▼リスト2　getBookData04.gs getBookData04の定義

```
/*
 * スプレッドシートからの呼び出し
 */
function getBookData04() {
  // 取得対象のURLを定義
  const URL = "https://www.ikachi.org/gas_sample/books/";

  //HTMLページの取得
  let res = UrlFetchApp.fetch(URL);

  // HTMLページのテキストデータの取得
  let content = res.getContentText("utf-8");

  // HTMLを解析し、tableデータを取得
  let table = Parser.data(content).from('<tr>').to('</tr>').iterate();

```

```
  // 空の配列を用意
  let tableList = [];

  // 行ごとの二次元配列を作成
  for (let i = 0; i < table.length; i++) {
    tableList[i] = Parser.data(table[i]).from('<td>').to('</td>').iterate();
  }

  // 出力用の配列を作成
  let showList = [];

  for (let i = 1; i < tableList.length; i++) {
    showList[i-1] = [];
    showList[i-1][0] = Parser.data(tableList[i][0]).from('.html">').to('</a>').build();
    showList[i-1][1] = tableList[i][2];

    // 該当の書籍のリンク先のURLを解析する
    let linkURL = URL+Parser.data(tableList[i][0]).from('href="').to('">').build();
    // 解析したURLをfetchし、HTML情報を取得する
    let linkRes = UrlFetchApp.fetch(linkURL);
    let linkContent = linkRes.getContentText("utf-8");
    // 取得したHTMLを解析し、「概要：」の記載内容を取得しスプレッドシートへの表示用の配列に追加する
    showList[i-1][2] = Parser.data(linkContent).from("<br>").to("</div>").build();
  }

  return showList;
}
```

コードを記述できたら、Parserのライブラリをプロジェクトに追加します（画面4）。スクリプトIDは以下のリンク先から確認できます。

https://ikachi.org/gas_sample

▼画面4　ライブラリの追加

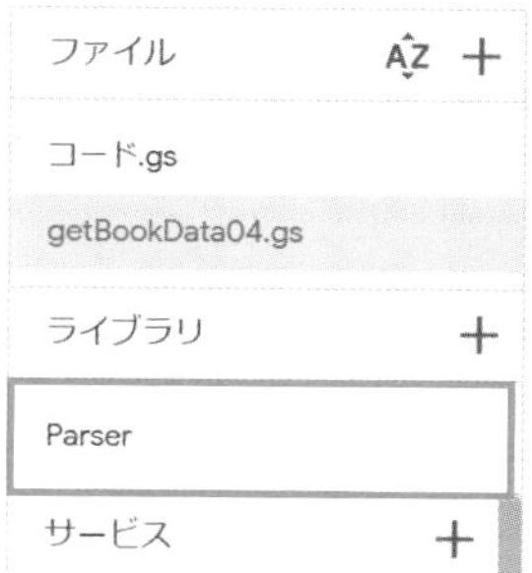

追加方法がわからないかたは、3-2節「HTMLファイルを解析する」内のParserのライブラリ追加の説明を確認してください。

ライブラリの追加ができたら、画面5のようにスプレッドシート内の任意の場所から、getBookData04を呼び出します。引数は定義していないため、=getBookData04()のように記述します。

▼画面5　getBookData04の呼び出し

functionの呼び出しが成功すると、returnの内容が出力されます（画面6）。

▼画面6　getBookData04の呼び出し結果

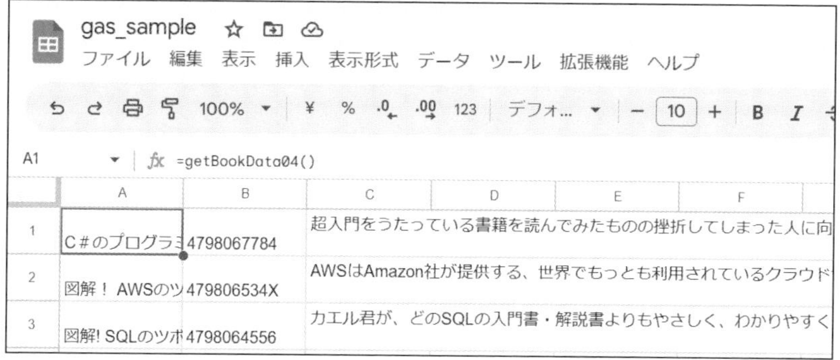

#NAMEのような関数が見つからないエラーとなった場合は、以下を確認してください。

・GASでgetBookData04を保存しているかどうか
・GASへの定義、またはスプレッドシートからの呼び出し部分でgetBookData04のスペルミスが無いか

上記で問題ない場合でも反映されない場合は、一度スプレッドシートを開き直してみてください。

本節では、スプレッドシートからGASを作成し、functionを呼び出す方法を紹介しました。

出力先をスプレッドシートから指定することができるため、シート名や出力場所のセルが定まっていないような場合は、このようにスプレッドシートからfunctionを呼び出すことをお勧めします。

ポイント

- 本節では、スプレッドシートからGASを作成し、functionを呼び出す方法について説明した
- スプレッドシートからGASを作成することによって、シート内の任意の場所から関数の呼び出しができる

画像ファイルを根こそぎダウンロードしよう

本章では、Webページ上のすべての画像ファイルのパスを取得し、画像ファイルをGoogleドライブにダウンロードする方法について説明します。

5-1 本章で使うサンプルサイトについて

サンプルプログラムの検証で使用するWebページについて

今回の検証で使用するWebページは、複数の画像が表示されています。
Google Chromeブラウザから、次のアドレスにアクセスしてみてください。

https://www.ikachi.org/gas_sample/images/

次のような画面が表示されます（画面1）。

▼画面1　https://www.ikachi.org/gas_sample/images/の画面表示

今回はこのページ内に表示されている画像のパスを取得し、指定のGoogleドライブにダウンロードすることを目標とします。

まずは、任意の画像上で右クリックをし、「検証」をクリックしてください（画面2）。

▼画面2 「検証」をクリック

画像のパスはimgタグのsrc属性に記述されています。また、さらに画像はaタグで囲われており、href属性に画像のパスが記述されています。

今回はaタグのほうのhref属性のパスの画像をダウンロード対象とします。

ページ内には、画像の他にaタグを使用している箇所がないため、href属性の内容を解析することによって、複数の画像のパスを取得していきます。

ポイント

- 本節では、サンプルプログラムの検証で使用するWebページについて説明した
- 今回は、画像を囲うaタグのhref属性をダウンロード対象とする

5-2 すべての画像ファイルのパスを取得する

画像のパスを取得するサンプル

前節では、今回の検証で使用するWebページについて確認しました。

取得対象としたい画像のパスは、aタグのhref属性として記述されています。

そこで、まずは、aタグのhref属性の内容を取得するGASを記述します。ここまでは、これまでに学習したことを組み合わせて記述することができます。

次のリスト1のスクリプトを新しく作成して、動作を確かめてみましょう。

前節と異なるプロジェクトでGASを作成した場合は、あらためてParserライブラリの追加をする必要があります。

3-2節と同様に、Parserライブラリのスクリプト IDを取得してください。別のタブから以下のURLにアクセスしてください。

https://ikachi.org/gas_sample

前節と同じプロジェクト内など、すでにParserライブラリが追加済のプロジェクトでgsファイルを作成した場合は、あらためてParserライブラリを追加する必要はありません。

▼リスト1　collectImages01.gs 画像のパス取得

```
/*
 * 画像のパス取得
 */
function collectImages01() {
  const URL = "https://www.ikachi.org/gas_sample/images/";

  let res = UrlFetchApp.fetch(URL);

  let content = res.getContentText("utf-8");

  let img_path = Parser.data(content).from('<a href="').to('">').iterate();

  console.log(img_path);
}
```

リスト1の例では、指定したURLから画像のパスを取得してコンソールに出力しています。URLから取得したコンテンツを文字列として格納し、Parserで解析をしています。このとき、「<a href="」から「">」の部分を抽出して、img_path変数に格納しています。

今回は複数の画像パスを取得したいため、build()ではなくiterate()を使用しています。

スクリプトを実行すると、次の画面1のように出力されます。

▼画面1 collectImages01の実行結果

```
実行ログ

13:10:20    お知らせ    実行開始
13:10:28    情報        [ '../../graphic/military/ground/m001g.jpg',
                          '../../graphic/military/ground/m002g.jpg',
                          '../../graphic/military/ground/m003g.jpg',
                          '../../graphic/military/ground/m004g.jpg',
                          '../../graphic/military/ground/m005g.jpg',
                          '../../graphic/military/sea/m001s.jpg',
                          '../../graphic/military/sea/m002s.jpg',
                          '../../graphic/military/sea/m003s.jpg',
                          '../../graphic/military/sea/m004s.jpg',
                          '../../graphic/military/sea/m005s.jpg',
                          '../../graphic/military/sky/m001a.jpg',
                          '../../graphic/military/sky/m002a.jpg',
                          '../../graphic/military/sky/m003a.jpg',
                          '../../graphic/military/sky/m004a.jpg',
                          '../../graphic/military/sky/m005a.jpg' ]
13:10:21    お知らせ    実行完了
```

15個ぶんの画像ファイルのパスが配列として格納され、出力されています。

今回は、この15個ぶんの画像ファイル1つ1つをダウンロードするスクリプトを作成していきたいため、まずは、画像パス1つ1つを取り出すための繰り返し文の書き方を、次項にて紹介します。

配列データを扱うためのforEachのサンプル

ここでは、前項で取得した配列の要素1つ1つに対して処理を行う方法を紹介します。

2-5節「構造化プログラミング」では、反復構造としてfor文やfor-of文を学習しました。それらを用いて繰り返し処理を行うこともできますが、ここではより配列の処理をシンプルに実行できるforEach文について説明します。

GASにおけるforEach文は、配列やオブジェクトの各要素に対して、指定した処理を繰り返し実行するための制御構文です。次の図1のような構文で表されます。

図1 forEachの使用方法

```
配列名 .forEach(function( 要素 , インデックス , 配列 ) {
  // 処理
});
```

配列名の部分には、繰り返し処理をしたい要素が格納されている配列を記載します。

functionは、実行する処理を定義するための**無名関数**と呼ばれる部分です。無名関数は、名前を持たない関数のことです。通常の関数とは異なり、関数を宣言することなく使用することができます。

この無名関数の引数には、以下の3つの値が渡されます。

(1) 要素：配列の各要素の値
(2) インデックス：配列の各要素のインデックス
(3) 配列：元の配列オブジェクト

3つの引数は全て必須というわけではなく、forEach内で要素のみを使用したい場合はfunction(要素)、要素とインデックスのみを使用したい場合はforEach(要素,index)のように使用することができます。

このように、forEach文は、この無名関数を配列の各要素に対して順番に実行し、必要に応じて引数で渡された要素、インデックス、配列を使って処理を実行します。

次のリスト2のようにcollectImages02を新しく作成し、collectImages01の内容をコピーしてください。このとき、以下の部分を変更してください。

- function名をcollectImages01からcollectImages02に変更
- 11行目の変数名をimg_pathからimg_path_arrayに変更
- 13行目を13行目〜15行目の記述に変更

▼リスト2　collectImages02.gs 配列データを扱うためのforEach

```
001:/*
002: * 配列データを扱うためのforEach
003: */
004:function collectImages02() {
005:  const URL = "https://www.ikachi.org/gas_sample/images/";
006:
007:  let res = UrlFetchApp.fetch(URL);
008:
009:  let content = res.getContentText("utf-8");
010:
011:  let img_path_array = Parser.data(content).from('<a href="').
    to('">').iterate();
012:
013:  img_path_array.forEach(function(img_path){
014:    console.log(img_path);
```

```
  });
}
```

リスト2の例では、指定したURLから画像のパスを取得してコンソールに出力しています。

collectImages01と異なる点は、実行結果です。

forEachの部分では、img_path_array配列の各要素に対して、console.log()を使用してコンソールに出力しています。

スクリプトを実行すると、次の画面2のように出力されます。

▼画面2 collectImages02の実行結果

実行ログ

14:24:24	お知らせ	実行開始
14:24:32	情報	../../graphic/military/ground/m001g.jpg
14:24:32	情報	../../graphic/military/ground/m002g.jpg
14:24:32	情報	../../graphic/military/ground/m003g.jpg
14:24:32	情報	../../graphic/military/ground/m004g.jpg
14:24:32	情報	../../graphic/military/ground/m005g.jpg
14:24:32	情報	../../graphic/military/sea/m001s.jpg
14:24:32	情報	../../graphic/military/sea/m002s.jpg
14:24:32	情報	../../graphic/military/sea/m003s.jpg
14:24:32	情報	../../graphic/military/sea/m004s.jpg
14:24:32	情報	../../graphic/military/sea/m005s.jpg
14:24:32	情報	../../graphic/military/sky/m001a.jpg
14:24:32	情報	../../graphic/military/sky/m002a.jpg
14:24:32	情報	../../graphic/military/sky/m003a.jpg
14:24:32	情報	../../graphic/military/sky/m004a.jpg
14:24:32	情報	../../graphic/military/sky/m005a.jpg
14:24:25	お知らせ	実行完了

console.logが配列の要素数分繰り返し実行されていることがわかります。

このように、forEachを用いて配列の各要素に対して処理を実行することができます。

この構造を用いて、各画像を1つずつダウンロードしていく方法を、次節にて説明します。

ポイント

- **本節では、画像ファイルのパスを解析するサンプルについて説明した**
- **配列の要素に対して処理を行いたいときは、forEachを使用できる**

5-3 画像ファイルをGoogleドライブにダウンロードする

Googleドライブに画像ファイルをダウンロードするサンプル

前節では、aタグのhref属性の内容を取得するGASを記述しました。

本節では、画像ファイルをGoogleドライブにダウンロードすることを目標とします。

Web上の画像ファイルをGoogleドライブにダウンロードするために、以下の手順が必要です。

(1) 画像のURLを取得する
(2) 画像のURLのfetch結果から、バイナリデータを取得する
(3) 取得したバイナリデータを用いて、Googleドライブ上に画像ファイルを作成する

バイナリデータとは、コンピューターが処理するための0と1のビット列で構成されたデータのことを指します。

(1)画像のURLを取得する

まずは、「(1) 画像のURLを取得する」から考えてみましょう。

サンプルサイトから画像をクリックすると、ダウンロード対象の画像URLへ遷移します。

このとき、URLは「https://www.ikachi.org/」と、aタグのhref属性の「../../」よりも後の部分を結合した文字列になっていることがわかります（図1）。

図1 画像のURLの構造

https://www.ikachi.org/graphic/military/ground/m001g.jpg
ミリタリー画像
<a href ="../.../graphic/military/ground/m001g.jpg">

そのため、次の図2のように冒頭部分を定数として宣言しておき、Parseでの開始文字の対象を「../../」まで広げることによって、取得対象のURLを解析できます。

図2 画像のURLの解析方法

```
let img_path_array = Parser.data(content).from('<a href="../../').to('">').
iterate();
const BASE_URL = "https://www.ikachi.org/";
```

BASE_URL + img_path_array　https://www.ikachi.org/graphic/military/ground/m001g.jpg

ここまでで、手順のうち、(1) までの確認が完了しました。

(1) 画像のURLを取得する
(2) 画像のURLのfetch結果から、バイナリデータを取得する
(3) 取得したバイナリデータを用いて、Googleドライブ上に画像ファイルを作成する

(2) 画像のURLのfetch結果から、バイナリデータを取得する

続いて、(2) 画像のURLのfetch結果から、バイナリデータを取得する方法を紹介します。

URLのfetch結果から、バイナリデータを取得するためには、getBlobを使用します（図3）。

図3 getBlobの構文

```
fetch結果.getBlob()
```

getBlob()は、fetch結果からBlobオブジェクトで表されるバイナリデータを取得するためのメソッドです。

Blobとは、Binary Large Objectの略称です。Blobオブジェクトは、バイナリデータを表現するオブジェクトを指します。主に画像、動画、音声、PDFファイルなどのバイナリデータを扱う際に使用されます。

ここまでで、手順のうち、(2) までの確認が完了しました。

(1) 画像のURLを取得する
(2) 画像のURLのfetch結果から、バイナリデータを取得する
(3) 取得したバイナリデータを用いて、Googleドライブ上に画像ファイルを作成する

(3) 取得したバイナリデータを用いて、Googleドライブ上に画像ファイルを作成する

続いて、(3) 取得したバイナリデータを用いて、Googleドライブ上に画像ファイルを作成する方法を紹介します。

BlobオブジェクトからGoogleドライブ上に画像ファイルを作成するには、DriveAppのcreateFileを使用します（図4）。

図4 DriveApp.createFileの構文

```
DriveApp.createFile( データ )
```

DriveApp.createFile()は、Googleドライブ上に新しいファイルを作成するためのメソッドです。このメソッドを使用すると、Googleドライブ上に新しいファイルを作成し、そのファイルにデータを書き込むことができます。

テキストファイルの作成などにも使用できますが、バイナリデータを渡すことで、画像などのメディアファイルも作成することができます。

次のリスト1のようにcollectImages03を新しく作成し、collectImages02の内容をコピーしてきてください。このとき、以下の部分を変更してください。

- function名をcollectImages02からcollectImages03に変更
- 11行目のfromの内容を「<a href="../../」に変更
- forEachの前に13行目のBASE_URLの定義を追加
- forEachの中に16,17行目を追加

▼リスト1　collectImages03.gs 画像ファイルをGoogleドライブにダウンロード

```
001:/*
002: * 画像ファイルをGoogleドライブにダウンロード
003: */
004:function collectImages03() {
005:  const URL = "https://www.ikachi.org/gas_sample/images/";
006:
007:  let res = UrlFetchApp.fetch(URL);
008:
009:  let content = res.getContentText("utf-8");
010:
011:  let img_path_array = Parser.data(content).from('<a href="../../').
    to('">').iterate();
```

```
012:
013:  const BASE_URL = "https://www.ikachi.org/";
014:
015:  img_path_array.forEach(function(img_path){
016:    let img = UrlFetchApp.fetch(BASE_URL + img_path).getBlob();
017:    DriveApp.createFile(img);
018:
019:    console.log(img_path);
020:  });
021:}
```

リスト1の例では、指定したURLから画像の情報を取得してGoogleドライブにダウンロードしています。

次に、BASE_URLという定数に指定されたURLと、img_path_arrayに格納された画像ファイルのパスを結合し、UrlFetchApp.fetch()メソッドを使用して各画像ファイルを取得しています。そして、getBlobでBlobオブジェクトを取得しています。

17行目では、DriveApp.createFile()メソッドを使用して、Googleドライブに画像ファイルを作成しています。

今回は、特定のGoogleドライブを指定していないため、「マイドライブ」直下に画像ファイルが作成されます。特定のGoogle ドライブを指定する方法は、のちほど学習します。

スクリプトを実行すると、画像を1つダウンロードするごとに、19行目のconsole.logが実行されます（画面1）。

▼画面1　collectImages03の実行結果

実行ログ

17:12:17	お知らせ	実行開始
17:12:33	情報	graphic/military/ground/m001g.jpg
17:12:35	情報	graphic/military/ground/m002g.jpg
17:12:37	情報	graphic/military/ground/m003g.jpg
17:12:39	情報	graphic/military/ground/m004g.jpg
17:12:42	情報	graphic/military/ground/m005g.jpg
17:12:44	情報	graphic/military/sea/m001s.jpg
17:12:46	情報	graphic/military/sea/m002s.jpg
17:12:48	情報	graphic/military/sea/m003s.jpg
17:12:50	情報	graphic/military/sea/m004s.jpg
17:12:52	情報	graphic/military/sea/m005s.jpg
17:12:53	情報	graphic/military/sky/m001a.jpg
17:12:55	情報	graphic/military/sky/m002a.jpg
17:12:57	情報	graphic/military/sky/m003a.jpg
17:12:59	情報	graphic/military/sky/m004a.jpg
17:13:01	情報	graphic/military/sky/m005a.jpg
17:12:52	お知らせ	実行完了

また、Googleドライブの「マイドライブ」直下に、画像がダウンロードされていることも確認できます（画面2）。

▼**画面2　マイドライブ**

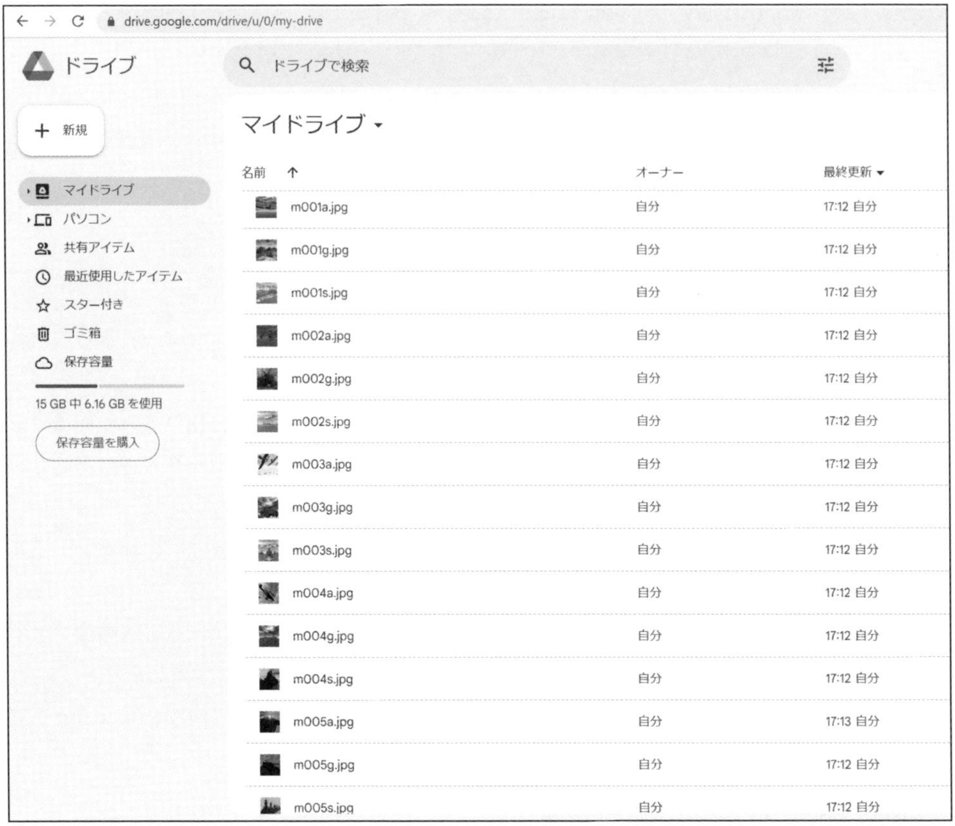

このように、DriveApp.createFileを用いてGoogleドライブ内にファイルをダウンロードすることができます。

次の項では、指定のドライブ内にファイルをダウンロードする方法を紹介します。

指定のGoogleドライブに画像ファイルをダウンロードするサンプル

ここでは、指定のドライブ内にファイルをダウンロードする方法を紹介します。

指定のドライブ内にファイルをダウンロードするには、DriveAppのgetFolderByIdを使用します（図5）。

図5　DriveApp.getFolderByIdの使用方法

```
DriveApp.getFolderById(id)
```

idの部分は、GoogleドライブのフォルダーIDを指定します。そうすることによって、指定されたIDに対応するフォルダーが存在する場合は、そのフォルダーを表すFolderオブジェクトを返します。

GoogleドライブのフォルダーIDは、URLから確認することができます（画面3）。

▼画面3　GoogleドライブのフォルダーID

URLのうち、「folders/」よりも後の文字がGoogleドライブのフォルダーIDです。

GoogleドライブのフォルダーIDの確認ができたら、次のリスト2のようにcollectImages04.gsを新しく作成し、collectImages03.gsの内容をコピーしてきてください。このとき、以下の部分を変更してください。

- function名をcollectImages03からcollectImages04に変更
- 14行目のdir_imagesの変数定義を追加

このとき、「URLから確認したフォルダーID」の部分には、ご自身が画像をアップロードしたいGoogleドライブのフォルダーIDを記述してください。

- 18行目のDriveApp.createFile(img)をdir_images.createFile(img)に変更

▼リスト2　collectImages04.gs 指定のGoogleドライブに画像ファイルをダウンロード

```
001:/*
002: * 指定のGoogleドライブに画像ファイルをダウンロード
003: */
004:function collectImages04() {
005:  const URL = "https://www.ikachi.org/gas_sample/images/";
006:
007:  let res = UrlFetchApp.fetch(URL);
008:
009:  let content = res.getContentText("utf-8");
010:
```

```
011:  let img_path_array = Parser.data(content).from('<a href="../../').
    to('">').iterate();
012:
013:  const BASE_URL = "https://www.ikachi.org/";
014:  const dir_images = DriveApp.getFolderById("URLから確認するしたフォル
    ダーID");
015:
016:  img_path_array.forEach(function(img_path){
017:    let img = UrlFetchApp.fetch(BASE_URL + img_path).getBlob();
018:    dir_images.createFile(img);
019:
020:    console.log(img_path);
021:  });
022:}
```

リスト2の例では、指定したURLから画像のパスを取得して、任意のGoogleドライブに保存をしています。

DriveApp.getFolderByIdで取得したフォルダーに対してcreateFileを行うことによって、任意のフォルダーにファイルの作成ができます。

スクリプトを実行すると、画像を1つダウンロードするごとに、20行目のconsole.logが実行されます（画面4）。

▼画面4　collectImages04の実行結果

実行ログ

14:36:27	お知らせ	実行開始
14:36:43	情報	graphic/military/ground/m001g.jpg
14:36:46	情報	graphic/military/ground/m002g.jpg
14:36:49	情報	graphic/military/ground/m003g.jpg
14:36:52	情報	graphic/military/ground/m004g.jpg
14:36:54	情報	graphic/military/ground/m005g.jpg
14:36:58	情報	graphic/military/sea/m001s.jpg
14:37:00	情報	graphic/military/sea/m002s.jpg
14:37:02	情報	graphic/military/sea/m003s.jpg
14:37:05	情報	graphic/military/sea/m004s.jpg
14:37:07	情報	graphic/military/sea/m005s.jpg
14:37:09	情報	graphic/military/sky/m001a.jpg
14:37:12	情報	graphic/military/sky/m002a.jpg
14:37:14	情報	graphic/military/sky/m003a.jpg
14:37:16	情報	graphic/military/sky/m004a.jpg
14:37:19	情報	graphic/military/sky/m005a.jpg
14:37:08	お知らせ	実行完了

また、指定したIDのGoogleドライブ内に、画像がダウンロードされていることも確認できます（画面5）。

▼画面5　指定したIDのGoogleドライブ内に画像をダウンロード

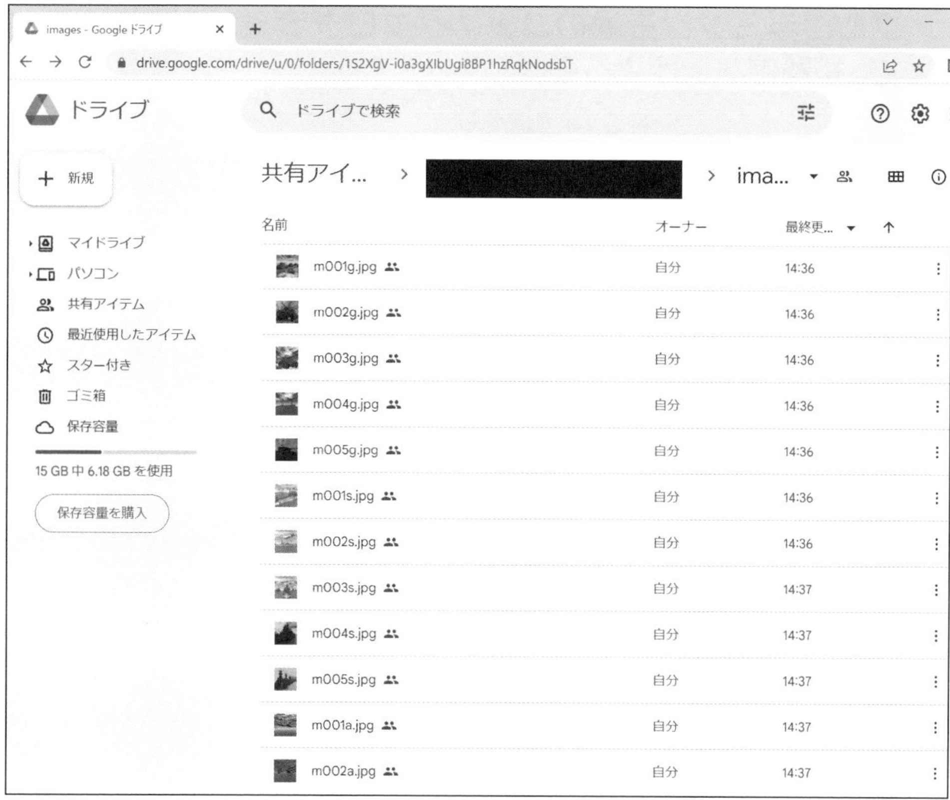

このように、getFolderByIdを用いて指定したGoogleドライブに画像をダウンロードすることができます。

ポイント

- 本節では、Googleドライブに画像ファイルをダウンロードするサンプルについて説明した
- バイナリデータを取得するには、fetch結果に対してgetBlobを行う
- DriveAppのcreateFileを用いてバイナリデータを渡すことにより、Googleドライブ上に画像ファイルを作成できる
- 指定のGoogleドライブにファイルを作成したいときは、getFolderByIdでファイルを指定する

コラム

プログラミング上達のコツ②　プログラミングを楽しんで、経験値を上げよう！

プログラミングを上達させるもう１つのコツは、「とにかく、たくさんのソースコードを書き、経験を積むこと」です。

この書籍を読んでいただいて大変ありがたいことだと感じていますが、書籍だけを読んでいても、決してプログラミングは上達できません。

たくさんのソースコードを書き、たくさんの経験を積むことが、プログラミングを上達させる最も効果的な方法です。

そのために大切なことは、「プログラミングが好きになること」です。

この書籍に書いてあるサンプルをいじくり倒して、プログラムの挙動を楽しんでください。

それが楽しいと感じられるのなら、あなたにはとても高いプログラミングの適正があると思います。

さまざまな自動入力を扱おう

本章では、Webページのさまざまな自動入力を扱います。ユーザーIDとパスワードを自動入力してログインする方法、お問い合わせフォームの自動入力＆送信方法、GET通信で質問を投げて回答を取得する方法について説明します。

本書では、お問い合わせフォームに「送信」ボタンを設けていますが、実際にはどこにも送信されません。

あくまで、お問い合わせフォームを模したサンプルページであり、入力した内容をWeb上に表示するだけの機能です。

6-1 本章で使うサンプルサイトについて

本章では、次の3種類のサンプルプログラムを扱います。

(1) ユーザーIDとパスワードを自動入力してログインする
(2) お問い合わせフォームの自動入力&送信
(3) GET通信で質問を投げて回答を取得する

それぞれのサンプルプログラムの検証で使用するWebページについて、最初に紹介します。

サンプルプログラムの検証で使用するWebページについて(1)

「(1) ユーザーIDとパスワードを自動入力してログインする」のサンプルプログラムの検証で使用するWebページについて説明します。

ここでは、次のURLを扱います。

https://www.ikachi.org/gas_sample/login/

このURLは、3-2節「HTMLファイルを解析する」の箇所でも使用したページです。

URLにアクセスすると、ログインページが表示されます(画面1)。

▼画面1　ログインページ

ログインページのフォームに、以下の内容を入力し、[ログイン] ボタンをクリックすると、ログイン後のページへ遷移します(画面2)。

メールアドレス――― test@test.com
パスワード―――― test12345

▼画面2　ログイン後ページ

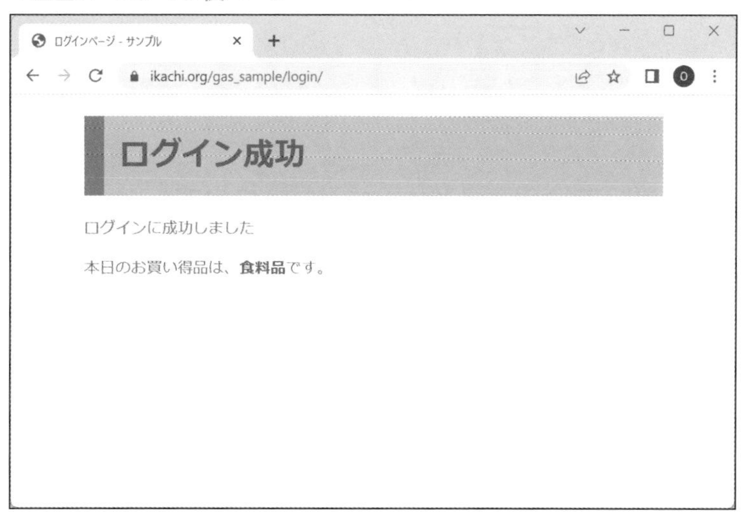

ログイン後のページでは、「本日のお買い得品」の情報が表示されます。商品名の部分は、日によって異なる値が表示されるため、画面2と違うものが表示されていても問題ありません。

(1) ユーザーIDとパスワードを自動入力してログインする

ログインページからメールアドレスとパスワードの情報を送信し、ログイン後ページに表示される「本日のお買い得品」の情報を取得することを目標とします。

また、[ログイン] ボタンをクリックした際に、「パスワードを変更してください」とアラートが表示されることがあります（画面3）。

▼画面3　ログイン時のアラート

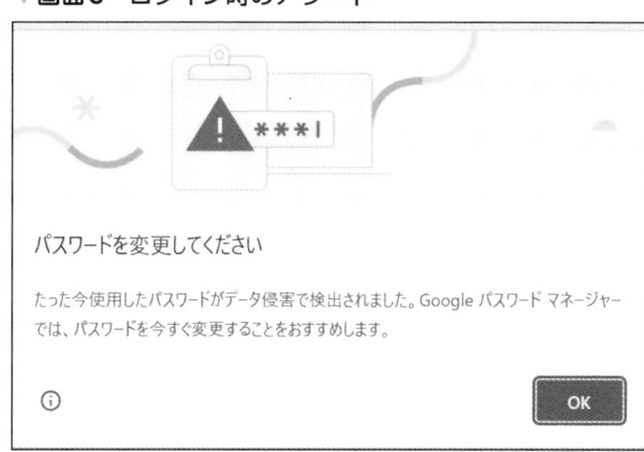

このアラートは、そのWebサイトで使用しているパスワードが、過去に別のサービスで漏洩した可能性があることを示しています。Google Chromeでは、Googleが提供する「パスワード チェックアップ」という機能があります。これを有効にしておくと、ログインする際に保存されたパスワードが漏洩したかどうかを定期的にチェックし、漏洩している場合にはこのようなアラートを表示します。

通常では、アラートが表示された場合には、パスワードを変更することが推奨されます。ただし、今回使用しているパスワードは、サンプルプログラム用のダミーデータであるため、[OK] をクリックして問題ありません。

サンプルプログラムの検証で使用するWebページについて(2)

(2) お問い合わせフォームの自動入力&送信

サンプルプログラムでは、次のURLを扱います。

https://www.ikachi.org/gas_sample/contactus/

URLにアクセスすると、お問い合わせフォームが表示されます(画面4)。

▼画面4　お問い合わせフォーム

このフォームの各項目に入力したうえで、[送信] ボタンをクリックすると、入力した「お名前」「メールアドレス」「お問い合わせ内容」が、Webページ上に表示されます(画面5)。

▼画面5　送信完了画面

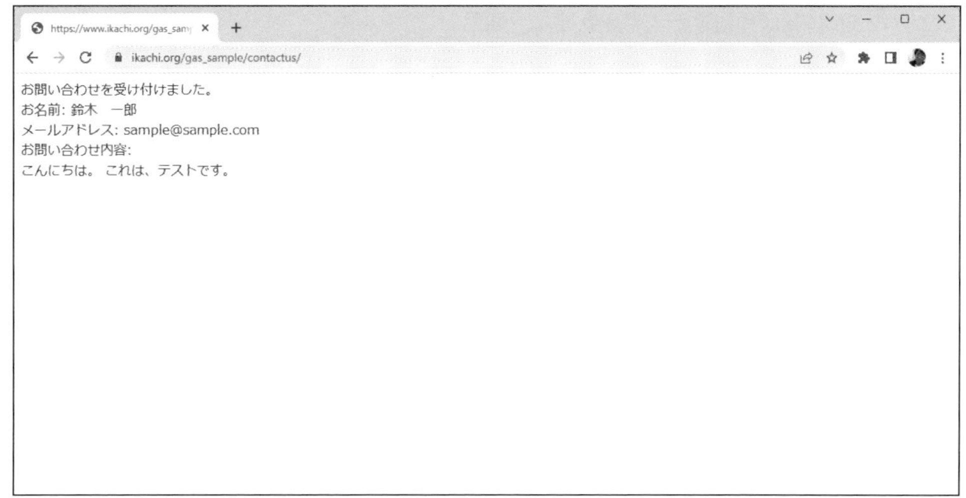

「(2) お問い合わせフォームの自動入力&送信」では、GASを用いてお問い合わせフォームから「お名前」「メールアドレス」「お問い合わせ内容」の情報を送信し、その内容がWebページに表示されることを目標とします。

サンプルプログラムの検証で使用するWebページについて(3)

(3) GET通信で質問を投げて回答を取得する

サンプルプログラムでは、次のURLを扱います。

https://www.ikachi.org/gas_sample/qna/

URLにアクセスすると、サポートページが表示されます(画面6)。

▼画面6　サポートページ

「ご質問の内容」に適当な質問を入力したうえで、[送信] ボタンをクリックすると、[送信] ボタンの下部に質問の回答が表示されます (画面7)。

▼画面7　質問の回答

「(3) GET通信で質問を投げて回答を取得する」では、GASを用いて質問を送信し、回答の文章を取得することを目標とします。

また、このページの回答を生成する部分では、「ChatGPT」という自然言語処理モデルを使用しています。自然言語処理とは、人間が話す言語をコンピューターが理解するための技術です。この、ChatGPTを利用したスクレイピングについては、第7章で詳しく説明します。

ポイント

- 本節では、サンプルプログラムの検証で使用するWebページについて説明した
- 「(1) ユーザーIDとパスワードを自動入力してログインする」では、ログインページからメールアドレスとパスワードの情報を送信し、ログイン後ページに表示される「本日のお買い得品」の情報を取得する
- 「(2) お問い合わせフォームの自動入力&送信」では、GASを用いてメール送信フォームから「送信先メールアドレス」「お名前」「メールアドレス」「お問い合わせ内容」の情報をブラウザに表示する
- 「(3) GET通信で質問を投げて回答を取得する」では、GASを用いて質問を送信し、回答の文章を取得する

6-2 ユーザーIDとパスワードを自動入力してログインする

フォーム送信の仕組み

今回は、次のログインページ

https://www.ikachi.org/gas_sample/login/

からメールアドレスとパスワードの情報を送信し、ログイン後ページに表示される「本日のお買い得品」の情報を取得することを目標とします。

フォームの部分で右クリックし、「検証」をクリックしてデベロッパーツールを立ち上げると、formタグのmethod属性に「post」と指定があります（画面1）。

▼**画面1　formタグのmethod属性**

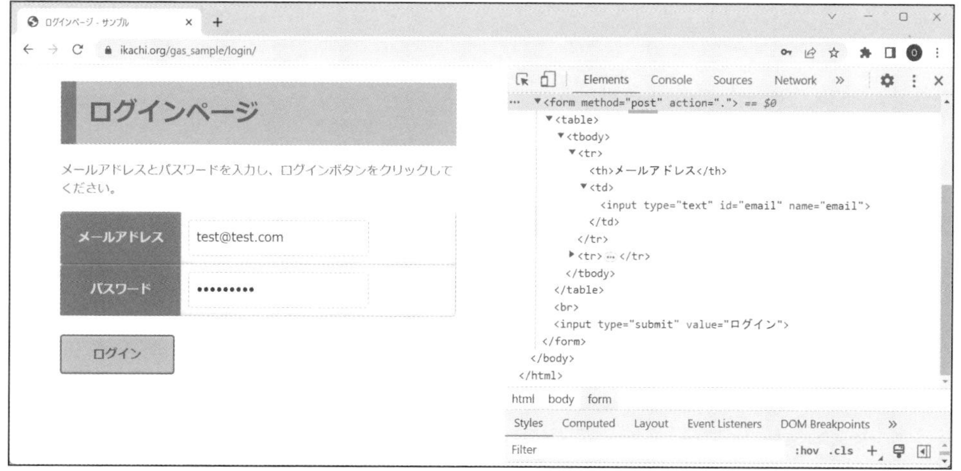

フォームデータの送信にHTTP POSTリクエストメソッドが使用されることを表します。HTTP POSTリクエストメソッドは、Webサーバーに対してデータを送信するための方法の一つです。パラメータと呼ばれる任意の値を含めることができ、フォームデータを送信する場合に使用されることが一般的です。

フォームにデータを入力してWebサーバーに送信するとき、POSTリクエストには入力したデータがパラメータとして含まれます（図1）。

Webサーバーでは入力されたデータを受け取って、次に表示する画面のHTMLデータを返します。

図1 POSTリクエストメソッド

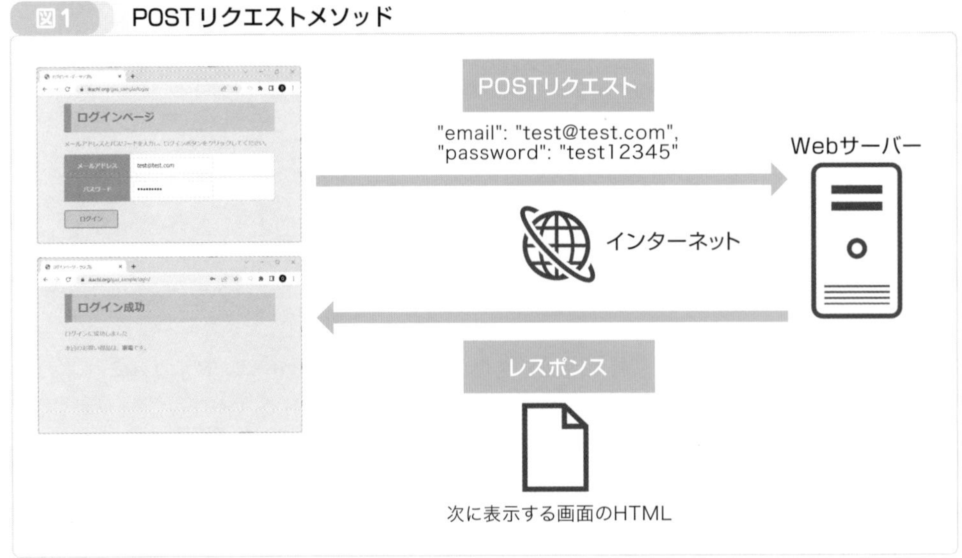

今回のログインフォーム場合は、メールアドレスやパスワードがパラメータとして送信されます。このとき、パラメータは「キー」と「値」がセットになっており、「キー」は各inputタグのname属性、「値」はフォームへの入力内容が格納されます。

それぞれの入力項目で右クリックし、「検証」をクリックすると、inputタグのname属性を確認できます（画面2）。

▼画面2 inputタグのname属性

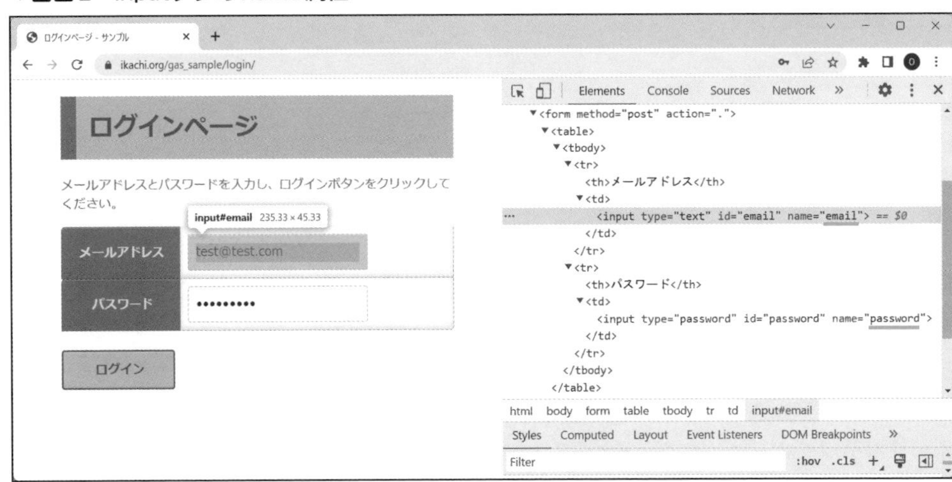

メールアドレスのキーは「email」、パスワードのキーは「password」であることがわかります。

GASを用いて、パラメータを含めた情報をWebサーバーに送信し、返却されたHTMLの情報を得るためには、fetchメソッドを使用します。このとき、ただのfetchメソッドですとパラメータを送信できませんので、オプションを使用します。

詳細の記述方法について、次の項で説明します。

fetchメソッドのオプション

ここまで、GASを用いてWebサーバーにリクエストを送り、レスポンスの情報を得るためには、UrlFetchApp.fetch()メソッドを使用していました。

UrlFetchApp.fetch()メソッドは1つの引数URLを指定して利用する方法のほかに、もう1つの引数を渡してオプションを指定する方法があります（図2）。

図2　引数を2つ持つfetchメソッドの構文

```
UrlFetchApp.fetch(url, params)
```

引数のurlの部分には、リクエストしたいURLを記述します。

引数のparamの部分には、さまざまなオプションを連想配列の形式で指定できます（表1）。

▼表1　fetchメソッドに設定できるオプションの例

名前	型	説明
method	String	リクエストの HTTP メソッドの種類を指定する デフォルトはGET
payload	String	POSTリクエスト時に送信するパラメータを連想配列形式で記述する
followRedirects	Boolean	サーバーからのレスポンスでリダイレクトされた場合に、自動的に新しいURLに再送信するかを指定する デフォルトは true

使い方のサンプルは、次の項で説明します。

ユーザーIDとパスワードを自動入力してログインするサンプル

ここまで、POSTリクエストメソッドの仕組みと、fetchメソッドのオプションについて学習しました。

fetchメソッドのオプションを用いてメールアドレスやパスワードの情報をパラメータとして送信することによって、レスポンスとして次に表示されるページのHTML情報を取得することができます。

ログイン後に表示されるページのうち、お買い得商品名の部分を右クリックし、「検証」をクリックして確認してみましょう（画面3）。

▼画面3　お買い得商品名の検証結果

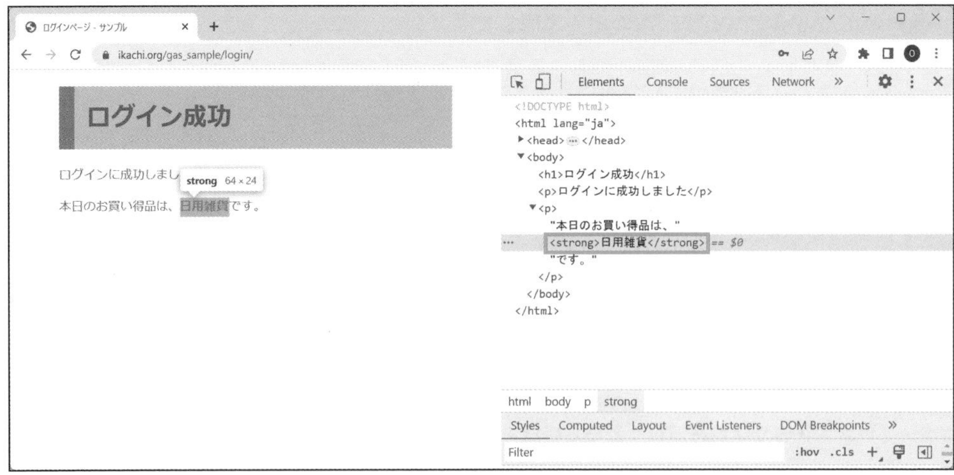

今回取得したい部分は、<strong>タグで囲われているため、レスポンスデータのうち、<strong>から</strong>までの間を解析すればよいことがわかります。

商品名の部分は、日によって異なる値が表示されるため、画像と違うものが表示されていても問題ありません。

リスト1のスクリプトを新しく作成して、動作を確かめてみましょう。

▼リスト1　autoLogin.gs ユーザーIDとパスワードを自動入力してログインする

```
/*
 * ユーザーIDとパスワードを自動入力してログインする
 */
function autoLogin() {
  const URL = "https://www.ikachi.org/gas_sample/login/";

  // パラメータの定義
  let login_payload = {
    "email": "test@test.com",
    "password": "test12345"
  };

  // オプションの定義
  let post_options = {
    method: "POST",
    payload: login_payload,
    followRedirects: false
  };

```

```
020:  let res = UrlFetchApp.fetch(URL, post_options);
021:
022:  let content = res.getContentText("utf-8");
023:  let sale = Parser.data(content).from('<strong>').to('</strong>').
    build();
024:
025:  console.log(sale);
026:}
```

リスト1の例では、ユーザーIDとパスワードを使って自動的にログインし、ログイン後のページから<strong>タグで囲まれたテキストを抽出してコンソールに表示します。

7行目の「パラメータの定義」部分では、パラメータのキーと値を連想配列の形式で定義しています。

13行目の「オプションの定義」の部分では、fetchメソッドのオプションに使用する設定内容を連想配列の形式で定義しています。このとき、methodはPOST、payloadには「パラメータの定義」部分で定義したlogin_payload、followRedirectsはfalseを設定しています。

20行目のfetchメソッドの第2引数には、「オプションの定義」部分で定義したpost_optionsを設定しています。このことにより、fetch先のURLにオプションを送信することができます。

スクリプトを実行すると、次の画面4のように出力されます。

▼画面4　autoLoginの実行結果

実行ログ

16:51:34	お知らせ	実行開始
16:51:37	情報	日用雑貨
16:51:36	お知らせ	実行完了

strongタグ内の部分が解析され、出力されています。商品名の部分は、日によって異なる値が表示されるため、画像と違うものが表示されていても問題ありません。

このように、fetchメソッドにオプションを付与することによって、パラメータを送信でき、フォームデータの内容を送信した結果を取得することができます。

ポイント

- 本節では、ユーザーIDとパスワードを自動入力してログインする方法について説明した
- フォームデータの送信にはHTTP POSTリクエストメソッドが使用されることが一般的である
- HTTP POSTリクエストメソッドは、Webサーバーに対してデータを送信するための方法の一つであり、パラメータと呼ばれる任意の値を含めることができる
- フォームにデータを入力してWebサーバーに送信するとき、POSTリクエストには入力したデータがパラメータとして含まれる
- GASにおいて、fetchメソッドにオプションを付与することによって、Webサーバーにパラメータを送信できる

6-3 お問い合わせフォームの自動入力&送信

お問い合わせフォームを自動入力して送信するサンプル

今回は、企業のホームページにあるようなお問い合わせフォームをGASで操作する方法について、説明します。

サンプルとなるお問い合わせフォームのURLは、次のとおりです。

お問い合わせフォーム - サンプル

https://www.ikachi.org/gas_sample/contactus/

上記のお問い合わせフォームは、サンプルとして作成されたものであり、実際には機能しませんので、気にせず利用しましょう。

このお問い合わせフォームから、

お名前
メールアドレス
お問い合わせ内容

の情報を入力・送信し、その内容がWebページ上に表示されることを目標とします。

fetchのオプションに設定する事項を確認するために、フォームの部分で右クリック -> 検証を選択してデベロッパーツールを立ち上げましょう。

まずは、formタグのmethod属性がpostに設定されていることがわかります（画面1）。

▼画面1　formタグのmethod属性

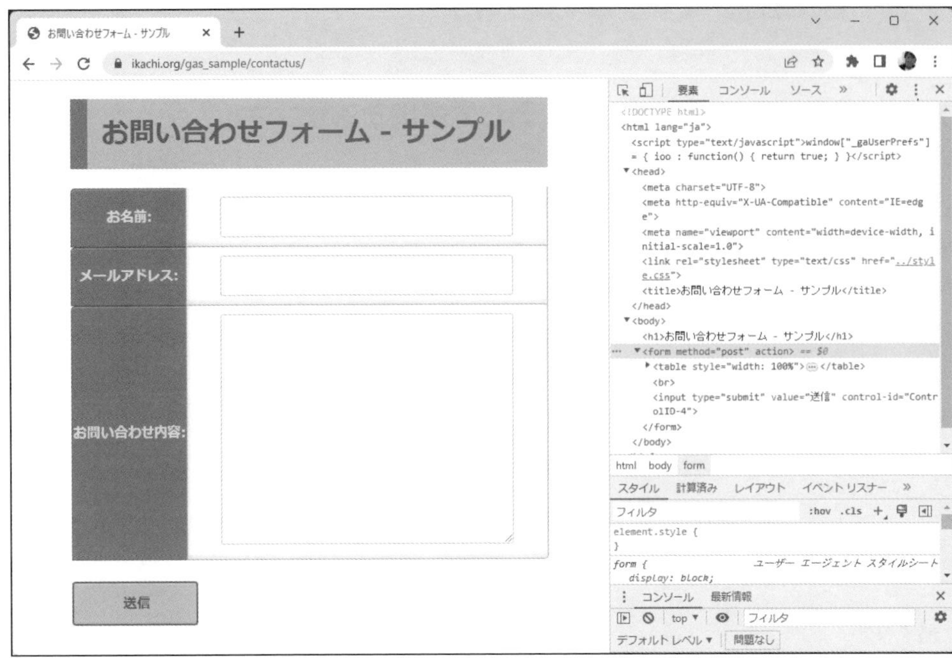

このメール送信フォームにおいても、フォームデータの送信にHTTP POSTリクエストメソッドが使用されることがわかります。

続いて、各入力項目で検証を行い、inputタグのname属性から、パラメータのキーを確認します（画面2）。

▼画面2　inputタグのname属性

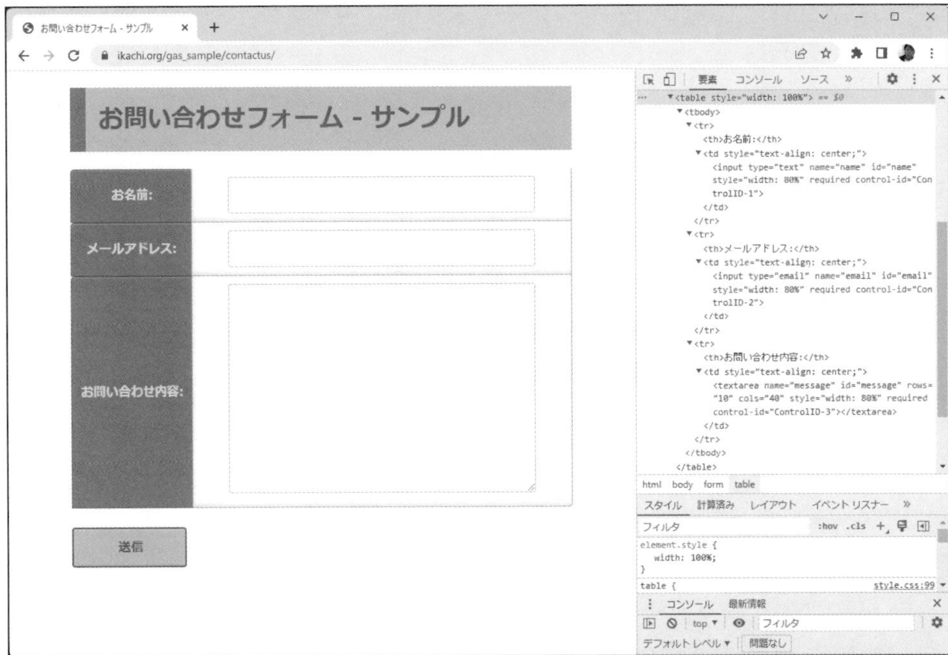

お名前のキーは「name」、メールアドレスのキーは「email」、お問い合わせ内容のキーは「message」であることがわかります。

これらのパラメータに適当な値を設定して、fetchを実施しましょう。

リスト1のスクリプトを新しく作成して、動作を確かめてみましょう。

「メールアドレス」に入力したメールアドレスは、実際には機能しませんので、"sample@sample.com"など、存在しないメールアドレスで構いません。

▼リスト1　autoMail.gs お問い合わせフォームの自動入力&送信

```
/*
 * お問い合わせフォームの自動入力&送信
 */
function autoMail() {
  const URL = "https://www.ikachi.org/gas_sample/contactus/";

  // パラメータの定義
  let contact_payload = {
    "name": "sample",
    "email": "sample@sample.com",
    "message": "メール送信テスト"
  };

  // オプションの定義
  let post_options = {
    method: "POST",
    payload: contact_payload,
    followRedirects: false
  };

  let res = UrlFetchApp.fetch(URL, post_options);
  let content = res.getContentText("utf-8");
  console.log(content);
}
```

リスト1の例では、「お名前」「メールアドレス」「お問い合わせ内容」のパラメータを設定して、レスポンス内容をWebページとコンソールに表示します。

スクリプトを実行すると、画面3のように出力されます。

6

▼画面3　autoMailの実行結果

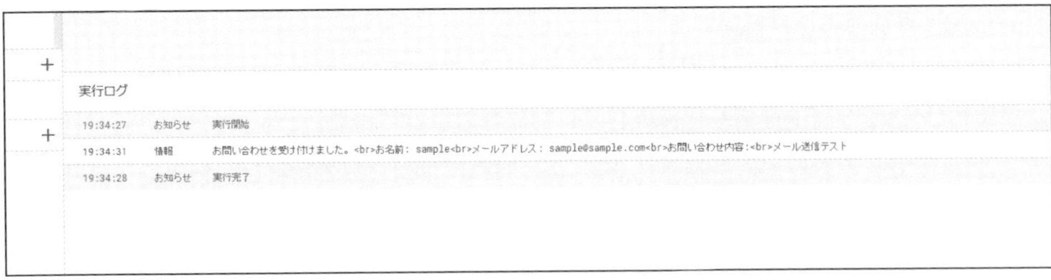

このように、パラメータを適切に設定することによって、お問い合わせフォームの自動入力をすることもできます。

(参考)お問い合わせフォームの自動送信がうまくいかない場合の原因

実際に公開されているお問い合わせフォームで自動送信をする際に、GASを正しく記述していても正常に動作しない場合があります。その原因の1つとして、「お問い合わせフォームにCSRF対策がされている」ということが挙げられます。

CSRF(クロスサイトリクエストフォージェリ)とは、Webアプリケーションに対するセキュリティ攻撃の一種です。このCSRF対策がされているフォームでは、CSRFトークンという一時的なコードが生成され、フォームの送信時に確認されます。これによって、正当なリクエストかどうかを判断します。

お問い合わせフォームにCSRF対策がされている場合、GASを使って自動でメール送信しようとしても、CSRFトークンが不足しているか無効であるため、送信がブロックされることがあります。

ポイント

- 本節では、お問い合わせフォームを自動入力して送信するサンプルについて説明した
- パラメータを適切に設定することによって、お問い合わせフォームの自動入力をすることができる
- お問い合わせフォームにCSRF対策がされている場合、GASを使って自動でメール送信しようとしても、送信がブロックされることがある

GET通信で質問を投げて回答を取得する

GET通信の仕組み

今回は、GASを用いて次のサポートページ

https://www.ikachi.org/gas_sample/qna/

で質問を送信し、回答の文章を取得することを目標とします。

まずは、サポートページを開き、フォーム部分で右クリックして「検証」をクリックしましょう。

特にformタグが定義されていないことがわかります（画面1）。

▼画面1　フォーム部分のコード

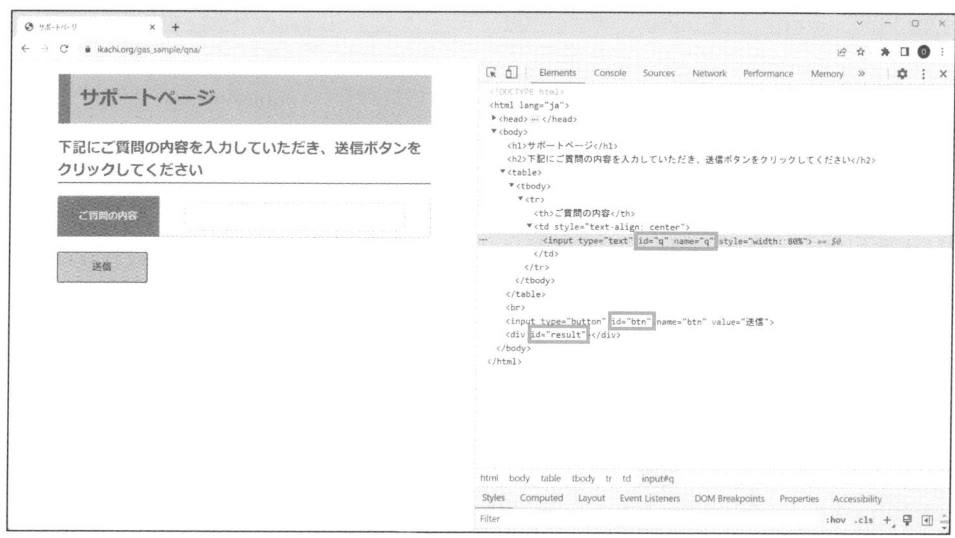

input項目は特にformタグ等では囲われておらず、id属性やname属性は「q」が設定されています。

また、送信ボタンのidは「btn」、結果を表示する箇所のdivのidは「result」として定義されています。

送信ボタンを押した際の挙動は、headタグ内のscriptに定義されています。

デベロッパーツールの「Elements」（または「要素」）タブ内の「<head>」左横の▶、さらに内部の「<script>」左横の▶をクリックすると、内容を確認できます（画面2）。

▼画面2　送信ボタンを押した際の挙動

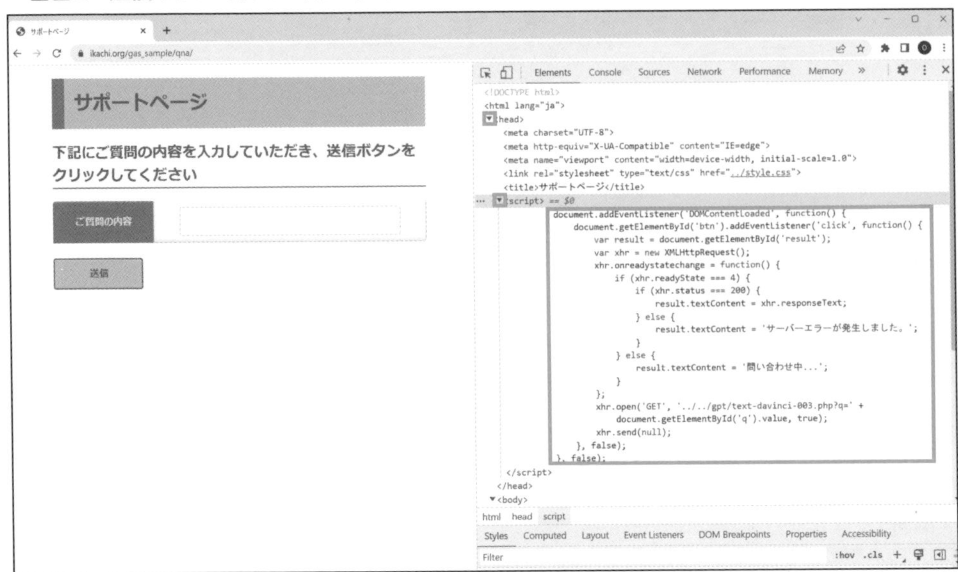

このスクリプトは、画面が読み込まれた時に特定の処理を実行し、ボタンがクリックされた時にAjaxリクエストを送信する処理を行うものです。

Ajaxとは、Asynchronous JavaScript and XMLの略で、JavaScriptを使って非同期通信を行うものです。Ajaxリクエストを使用することにより、Webページの再読み込みなしにサーバーとデータをやり取りすることができます。ユーザーがページを離れることなく、サーバーから取得した情報を表示することができるため、よりスムーズなユーザーエクスペリエンスを提供することができます。

Ajaxリクエストは、サンプルコードのように、XMLHttpRequestオブジェクトを使用して実行されることが一般的です。

スクリプトの記述内容の全てを詳細に知る必要はありません。今回着目したいのは、XMLHttpRequestオブジェクトのopenメソッドの部分「xhr.open('GET', '../../gpt/text-davinci-003.php?q=' + document.getElementById('q').value, true);」です（画面3）。

▼画面3 データのリクエストの記述

```
▼<script>
...     document.addEventListener('DOMContentLoaded', function() {
            document.getElementById('btn').addEventListener('click', function() {
                var result = document.getElementById('result');
                var xhr = new XMLHttpRequest();
                xhr.onreadystatechange = function() {
                    if (xhr.readyState === 4) {
                        if (xhr.status === 200) {
                            result.textContent = xhr.responseText;
                        } else {
                            result.textContent = 'サーバーエラーが発生しました。';
                        }
                    } else {
                        result.textContent = '問い合わせ中...';
                    }
                };
                xhr.open('GET', '../../gpt/text-davinci-003.php?q=' +
                    document.getElementById('q').value, true);
                xhr.send(null);
            }, false);
        }, false); == $0
</script>
```


XMLHttpRequestオブジェクトのopenは、HTTPリクエストを設定するためのメソッドです。ここでは、AjaxリクエストのURLとパラメータを設定しています。

「../../gpt/text-davinci-003.php」は、Ajaxリクエストを処理するPHPファイルのパスを指定しています。test-davinci-003.phpは、著者が作成したPHPプログラムです。パラメータで質問文を送信すると、回答のテキストを返却します。

「q=」は、Ajaxリクエストに含めるパラメータのキー名を指定しています。

「document.getElementById('q').value」は、画面上の入力欄「q」に入力された値を取得しています。

POST通信でパラメータを送信する際には、fetchのオプションを設定していたのに対し、GET通信でパラメータを送信する際には、「URL?キー名=値」のように、URLにパラメータの情報を付与することが特徴です（図1）。

図1 openメソッド部分

リクエスト先のURL ? パラメータのキー名 = パラメータの値

```
xhr.open('GET', '../../gpt/text-davinci-003.php?q=' +
document.getElementById('q').value, true);
```

今回のURLの部分には「1階層上」を表す「../」が2回書かれているため、実際のアクセス先は以下のようになります。

https://www.ikachi.org/gpt/text-davinci-003.php?q=質問内容

試しに、Webブラウザから以下のURLにアクセスしましょう（画面4）。

https://www.ikachi.org/gpt/text-davinci-003.php?q=明日の長岡の天気は

▼画面4　質問用のURLへのアクセス結果

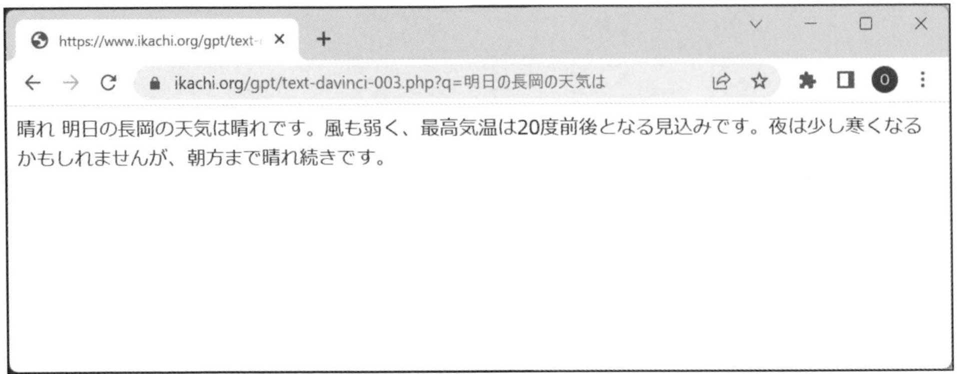

質問への回答が表示されていることがわかります。

質問への回答は、後の章で紹介するChatGPTを使用しているため、画像とまったく同じ表示になっていなくても問題ありません。

リクエスト先のURLを調査することができたため、GASを用いてこのURLに対して質問を投げ、回答を取得するサンプルを紹介します。

GET通信で質問を投げて回答を取得するサンプル

前項で、GET通信でのパラメータの送信方法について学習しました。

リスト1のスクリプトを新しく作成して、動作を確かめてみましょう。

▼リスト1　sampleGet.gs GET通信で質問を投げて回答を取得する

```
/*
 * GET通信で質問を投げて回答を取得する
 */
function sampleGet() {
  const URL = "https://www.ikachi.org/gpt/text-davinci-003.php";
  let question = "明日の長岡の天気は";

  // パラメータの設定
  let req = URL + '?q=' + question;

  let res = UrlFetchApp.fetch(req);
```

```
  let content = res.getContentText("utf-8");
  console.log(content);
}
```

リスト1の例では、変数「question」に質問内容を設定し、パラメータ「q」に設定したうえでfetchを行っています。

そして、質問の回答を取得し、実行ログに出力しています。

スクリプトを実行すると、次の画面5のように出力されます。

▼画面5　sampleGetの実行結果

実行ログ

15:54:54	お知らせ	実行開始
15:54:56	情報	晴れです。 明日の長岡の天気は曇りです。
15:54:57	お知らせ	実行完了

回答はその場で生成されるため、画像と全く同じ文言が出力されていなくても問題ありません。

question変数の値を違う質問に設定しても、異なる回答を得ることができます。

画面6の例では、質問内容を「昨日の東京の天気は」に変更しています。

▼画面6　異なる質問と回答の例

```
/*
 * GET通信で質問を投げて回答を取得する
 */
function sampleGet() {
  const URL = "https://www.ikachi.org/gpt/text-davinci-003.php";
  let question = "昨日の東京の天気は";

  // パラメータの設定
  let req = URL + '?q=' + question;

  let res = UrlFetchApp.fetch(req);
  let content = res.getContentText("utf-8");
  console.log(content);
}
```

実行ログ

15:57:41	お知らせ	実行開始
15:57:45	情報	晴れでした 昨日の東京の天気は晴れで、最高気温は25℃、最低気温は19℃でした。
15:57:46	お知らせ	実行完了

このように、GET通信においてはURLにパラメータの内容を設定することで、リクエストを送信できます。

ポイント

- 本節では、GET通信で質問を投げて回答を取得するサンプルについて説明した
- GET通信においてはURLにパラメータの内容を設定する

第7章 ChatGPTを使ったアイデア

最近、ChatGPTが流行しています。本章では、ChatGPTを利用したスクレイピングについて、解説します。

7-1 ChatGPTについて

ChatGPTとは

あなたは、ChatGPTをご存じでしょうか？

ChatGPTは、OpenAIによって開発された自然言語処理の技術を用いたコンピュータープログラムです。

OpenAIとは、2015年に設立された、人工知能研究を推進するための非営利研究機関です。OpenAIは、その研究成果をオープンソースの形で公開することで、AI技術の進歩を促進し、社会の発展に貢献することを目的としています。また、商用利用も可能であるAPIを提供することで、AI技術をより身近なものにし、世界中の人々が利用できるようになっています。

ChatGPTは、人工知能によって、自然言語の対話を実現することができます。

人工知能による自然言語の対話は、自然な表現や応答が得られるため、ネットショップのお客様相談窓口で、お客様からの問い合わせに対して自動的に返答をするボットに利用されたり、インターネットの検索サイトで質問をすると、ChatGPTが回答を返してくれるなど、様々な用途に利用されています。

また、ChatGPTは、2022年11月にリリースされてから、2ヶ月後の2023年1月の時点で、すでに1億人のアクティブユーザー数を記録しており、その速さは史上最速と言われています。

OpenAIの設立には、自動車の自動運転で有名なテスラ社のイーロン・マスク氏がいます。ただし、イーロン・マスク氏は、2018年にOpenAIを脱退しています。

そして、イーロン・マスク氏は2023年4月、独自のAIチャットボット「TruthGPT」を開発することを明らかにしました（本書では、TruthGPTについては取り扱いません）。

ChatGPTを使ってみよう

では、ChatGPTがどれだけ凄いのか、実際にChatGPTを使ってみましょう。

まず、次のサイトにアクセスしてください。

ChatGPT
https://chat.openai.com/chat

ChatGPTへのログインページが表示されます（画面1）。

▼画面1 ChatGPTへのログインページ

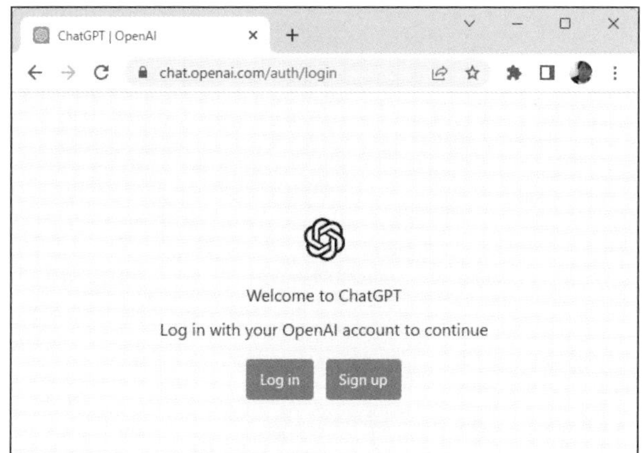

ChatGPTを利用する場合、OpenAIのアカウントが必要です。OpenAIのアカウントを作成するには、メールアドレスを入力するか、もしくは、GoogleアカウントやMicrosoftアカウントをOpenAIのアカウントと連携します（画面2）。

▼画面2 OpenAIのアカウント作成

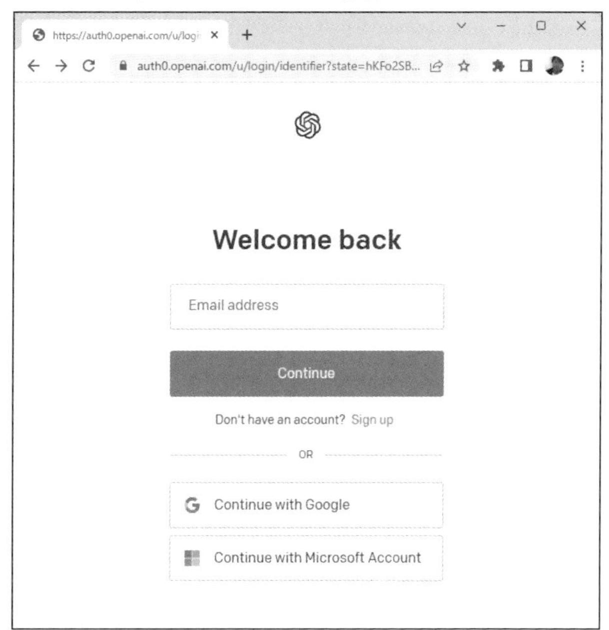

OpenAIのアカウントを作成すると、ChatGPTを利用することができるようになります。ChatGPTのサイトを開くと、次のようなWebページが表示されます（画面3）。

【注意】執筆時、OpenAIにアカウントを作成すると無料枠（利用できる期限あり）が利用できました。無料枠を超えたり、有効期限が切れると実行できなくなります。

▼**画面3　ChatGPTのサイト**

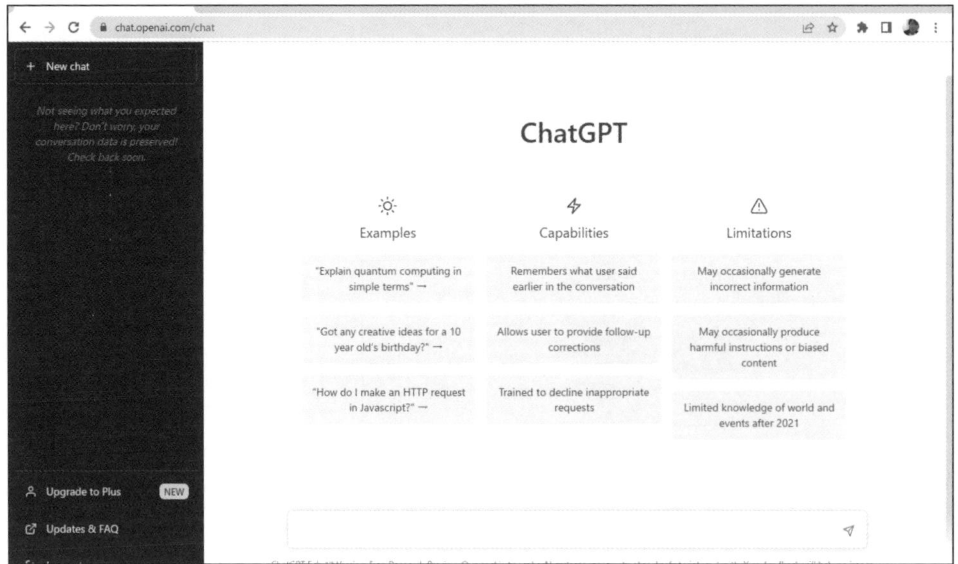

英語表記ですが、チャットは日本語でも可能です。

試しにページ下部のテキスト欄に、何か質問してみましょう。質問を入力し終えたら、テキスト欄の右側にある小さな紙飛行機のようなアイコンをクリックします。

本書では、「新潟県でお勧めの観光スポットを教えてください」と質問してみます（画面4）。

▼**画面4　日本語でのチャットが可能**

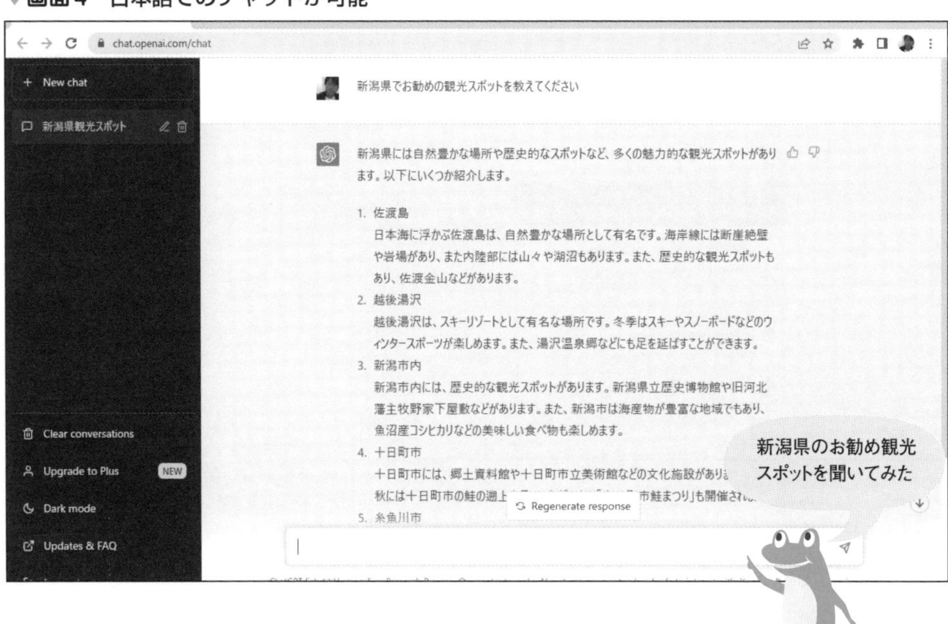

Webページは英語表記ですが、日本語で質問すると、ちゃんと日本語で返答が返ります。

ChatGPTの返答によると、新潟県でお勧めの観光スポットは、「佐渡島」「越後湯沢」「新潟市内」「十日町市」「糸魚川市」だそうです。

このように、会話をするような自然な日本語で、ChatGPTとメッセージをやり取りすることができます。

ネット検索の場合は、「新潟県」「観光スポット」「お勧め」のようなキーワード検索しか行うことができませんので、ChatGPTがいかに使いやすいか、おわかりいただけるかと思います。

さらにChatGPTの場合、引き続き、会話を続けることができます。例えば、「それ以外はありますか？」と入力した場合、引き続き、新潟県の観光スポットを、すでに提示したもの以外で教えてくれます（画面5）。

▼**画面5　チャットでのやりとりを記憶しているため会話しやすい**

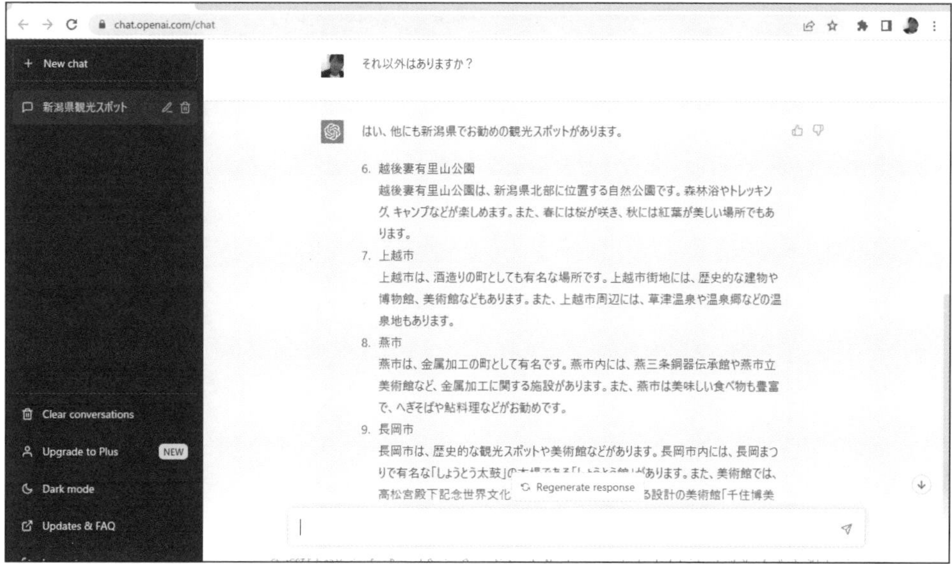

「それ以外はありますか?」の質問だけで、すでに提示した観光スポット以外を教えてくれる

いかがでしょうか？

まるで知的な日本人と本当に会話をしているように感じたのではないでしょうか。

これが様々な言語に対応されているわけですから、サービス公開以来、爆発的にユーザーが増えている理由がおわかりいただけるかと思います。

さて、ChatGPTの凄さは、これだけではありません。

ChatGPTは、APIで利用することもできるため、例えばChatGPTの機能を利用したExcel関数を作成したり、ChatBotとLINEを連携したりすることができます。

本章では、ChatGPTのAPIを利用する例として、ChatGPTでスクレイピングをしてみたいと思います。

ポイント

- ChatGPTは、OpenAIによって開発された自然言語処理の技術を用いたコンピュータープログラム
- ChatGPTは、会話をするような自然な日本語で、メッセージをやり取りすることができる
- ChatGPTは、APIで利用することもできるため、外部アプリケーションとの連携が可能

7-2 ChatGPTのAPIを使ってみよう

OpenAIのAPIキーを取得しよう

ChatGPTのAPIを利用するには、OpenAIが発行しているAPIキーを取得する必要があります。

OpenAIが発行しているAPIキーを取得するには、以下のURLにアクセスします（画面1）。

Overview - OpenAI API
https://platform.openai.com/overview

▼画面1　OpenAPIのホームページ

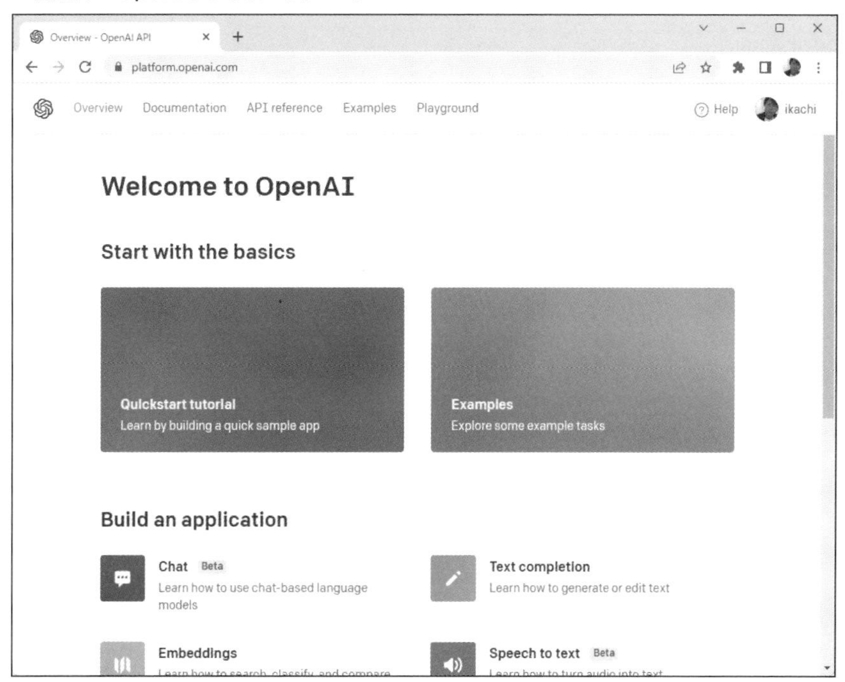

前項にて、ChatGPTを利用する時に生成したOpenAIのアカウントが右上に表示されます。

このアイコンをクリックし、表示されたプルダウンメニューより、「View API keys」をクリックします（画面2）。

7

▼画面2　OpenAIのアカウントに関するメニューを表示される

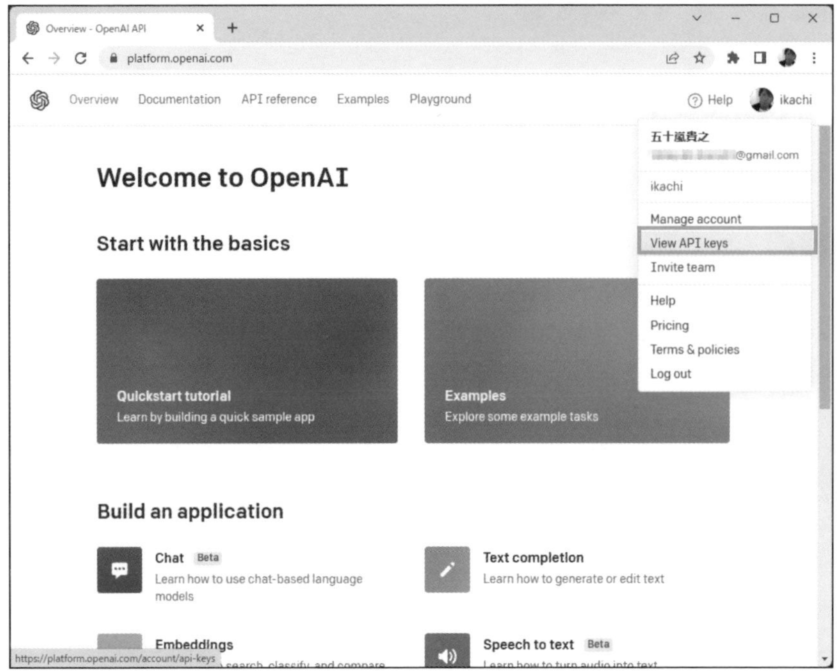

「View API keys」をクリックすると、OpenAIで利用できるAPIキーを確認できるページが表示されます（画面3）。

▼画面3　このページでOpenAIのAPIキーを確認できる

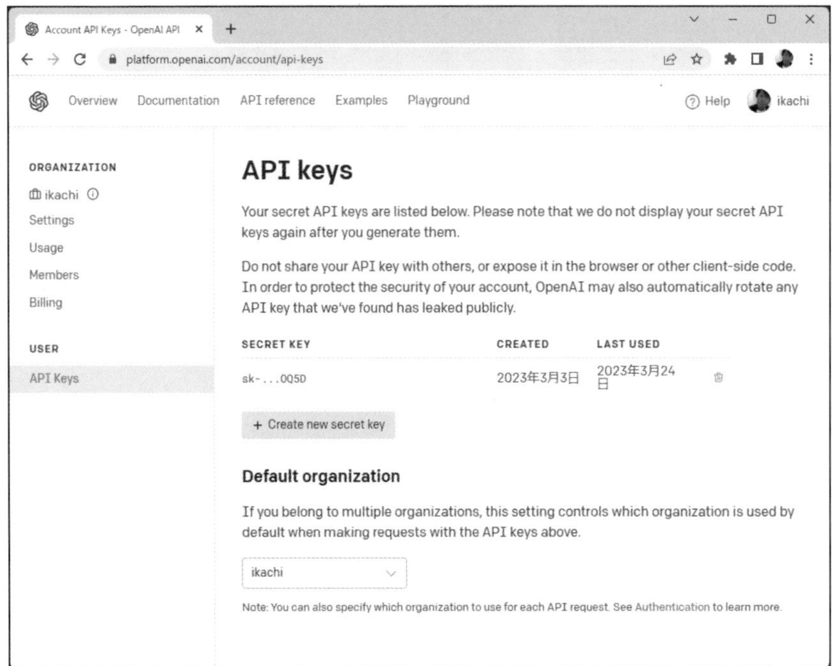

APIキーを作成するには、「+ Create new secret key」と書かれたボタンをクリックします。「+ Create new secret key」と書かれたボタンをクリックすると、新たに作成されたAPIキーが表示されます（画面4）。

▼**画面4　新たに作成されたAPIキーが表示される**

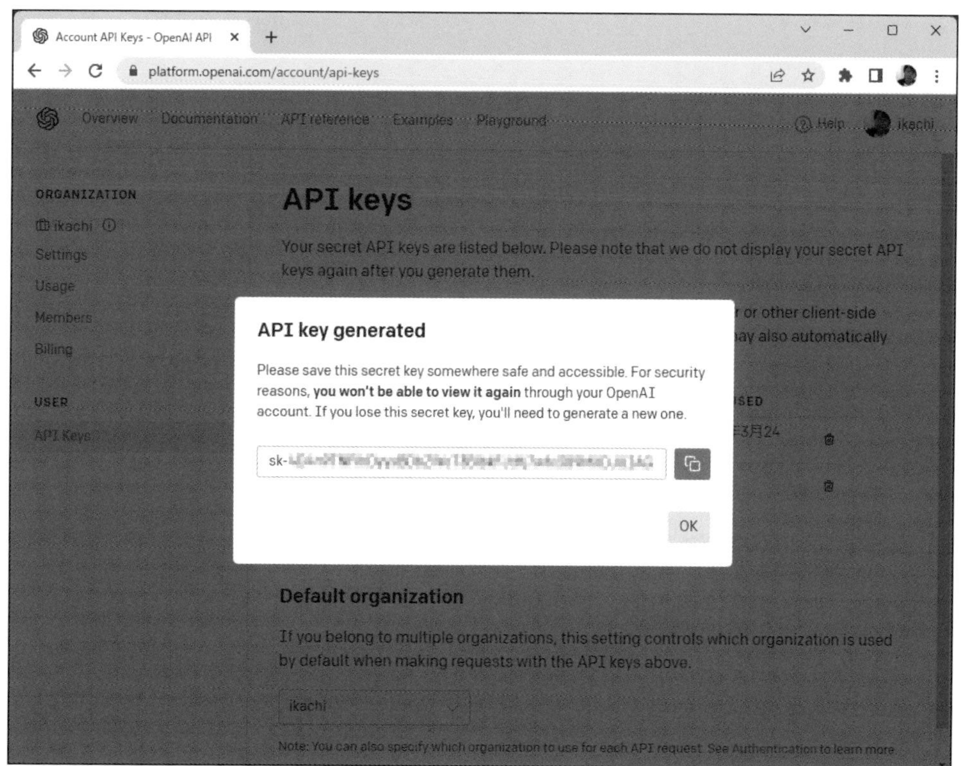

"sk-"から始まる文字列が、APIキーです。

APIキーは他人に教えてはいけない

APIキーは、無料で使用する場合は使用の制限があります。有料版に切り替えることで、使用の制限がなくなり、従量課金制に変更することも可能です。

APIキーを他人に教えてしまうと、勝手にAPIキーが使用され、自分で使用する以外で使用の制限に達してしまったり、従量課金によってOpenAIから多額の請求が来てしまう可能性もあります（図1）。

このAPIキーは、あなたのためのAPIキーです。他人に教えないようにしてください。

APIキーの左側にある緑色のボタンをクリックすることで、表示されているAPIキーをコピーすることができます。

APIキーをコピーしてテキストファイルなどにコピーしておき、大切に保管しましょう。

図1 APIキーは他人に教えてはならない

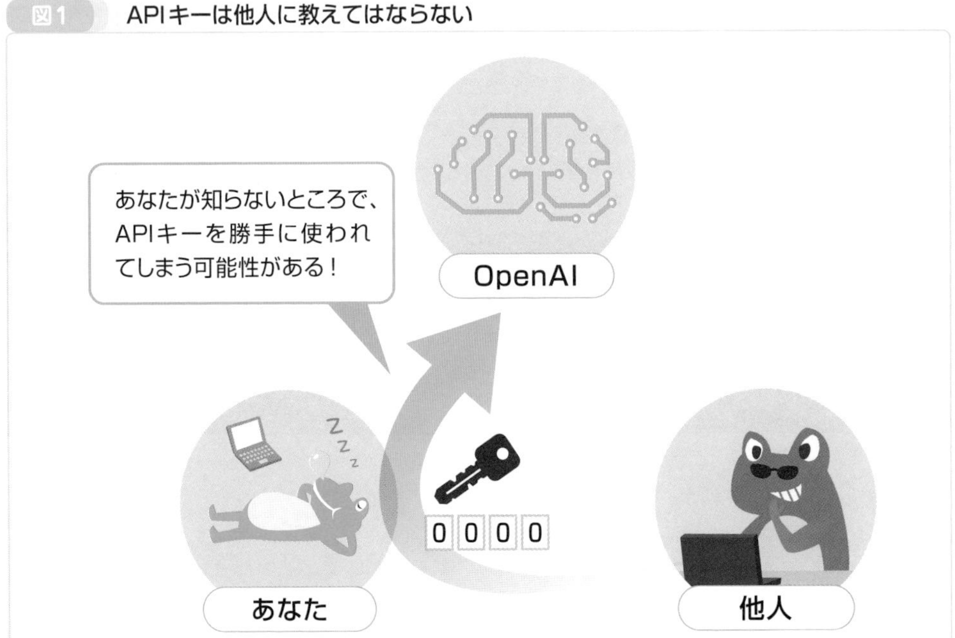
あなたが知らないところで、
APIキーを勝手に使われ
てしまう可能性がある！
OpenAI
0000
あなた
他人

OpenAIの他の人工知能サービスでも同じAPIキーを利用できる

ちなみにこのAPIキーは、ChatGPTだけでなく、OpenAIが提供するその他の人工知能サービスでも共通して使用することができます。

例えば、言葉で指示した内容で画像を自動生成する「DALL-E」という人工知能サービスも、同じAPIキーで利用することができます（図2）。

ChatGPT以外の人工知能サービスについても興味があれば、OpenAIのWebサイトを調べてみると良いでしょう。

図2　同じAPIキーでOpenAIの様々な人工知能サービスを利用できる！

画像について細かく指示
を出さなくても、DALL-Eという
サービスが自動的に画像を
生成してくれる!

ポイント

- ChatGPTのAPIを利用するには、OpenAIが発行しているAPIキーを取得する必要がある
- 取得したAPIキーは他人に教えてはならない
- 同じAPIキーでOpenAIの様々な人工知能サービスを利用できる

7-3 ChatGPTをスクレイピングに使うアイデア

ChatGPTを用いたスクレイピング

では、ChatGPTを用いたスクレイピングについて、説明しましょう。

前節で取得したOpenAIのAPIキーは、ここで使います。まだOpenAIのAPIキーを取得していない場合は、前節の内容に従い、OpenAIのAPIキーを取得しておいてください。

さて、まずはChatGPTをGASから呼び出すソースコードを見てみましょう。

ChatGPTをGASから呼び出すソースコードは、次のリスト1の通りです。

本節ではリスト中に取得したAPIキーを直接入力していますが、次の7-4節ではOpenAIのAPIキーをプロパティストアに入れておくという方法についても説明しています。

▼リスト1　ChatGPT（Davinciモデル）に尋ねる（gpt.gs）

```
// OpenAIのAPIキー
const apiKey = 'ここにあなたが取得したAPIキーを入力してください';

/*
 * ChatGPT（Davinciモデル）に尋ねる
 */
function askDavinci(prompt) {

  // OpenAIのURL
  const url = 'https://api.openai.com/v1/completions';

  // リクエストヘッダーを定義
  let headers = {
    'Content-Type': 'application/json',
    'Authorization': 'Bearer ' + apiKey
  };

  // 質問する内容を定義
  let data = {
    'prompt': prompt,
    'model': 'text-davinci-003',
    'temperature': 0.1,
    'max_tokens': 4000,
    'top_p': 0.0,
    'frequency_penalty': 0.0,
    'presence_penalty': 0.0
```

```
027:  };
028:
029:  // リクエストするオプション
030:  let options = {
031:    'method': 'POST',
032:    'headers': headers,
033:    'payload': JSON.stringify(data)
034:  };
035:
036:  // レスポンスを取得
037:  let response = UrlFetchApp.fetch(url, options);
038:
039:  // レスポンスの内容をJson形式にパース
040:  let result = JSON.parse(response.getContentText());
041:
042:  // 質問の内容に対する返答を戻り値として返す
043:  return result.choices[0].text;
044:}
```


このaskDavinci関数は、引数の「prompt」に格納されている内容をChatGPTに渡すことで、ChatGPTからの返答を受け取り、その受け取った内容を関数の戻り値として返すための関数です。すなわち、引数の「prompt」には、ChatGPTに質問する内容を関数の呼び出し元からセットします。

まず気を付けていただきたいのが、2行目です。

このソースコードをそのままGASのプロジェクトに入力しても、動作しません。その理由が、2行目の「apiKey」の定数の値です。

この定数には現在、

```
'ここにあなたが取得したAPIキーを入力してください'
```

という固定値が入力されていますが、ここは、前節で取得したあなたのOpenAIのAPIキーを入力する必要があります。"sk-"で始まる文字列ですね。

そのため、本来なら、

```
const apiKey = 'sk-xxxxxxxxxxxxxxxxxxxxxxxxxxxxxxxxxxxxxxxxxxxxxxxx';
```

のような値になるはずです。

この値を書き換えることで、ChatGPTをGASから呼び出すことができるようになります。

さて、もう少し、このソースコードを詳しく見てみます。

まず、9、10行目を見てください（リスト2）。

▼リスト2　9、10行目

```
～省略～
009:  // OpenAIのURL
010:  const url = 'https://api.openai.com/v1/completions';
～省略～
```

この行では、定数「url」に対し、APIを実行するためのURLをセットしています。

OpenAIのAPIは、Web APIとして提供されています。

Web APIとは、インターネット上のサービスやアプリが、お互いに情報を交換したり機能を共有したりするための方法です。これを使うことで、異なるプログラムが連携して動作することが可能になります。

簡単に言うと、Web APIは異なるプログラムがお互いに助け合い、機能や情報を共有するための「つなぎ」のようなものです。これによって、開発者は効率よくアプリを作成でき、さまざまなサービスを組み合わせて新しい機能を提供することができます。

12行目から16行目は、Web APIに送信するリクエストヘッダーを定義しています（リスト3）。

▼リスト3　12行目から16行目

```
～省略～
012:  // リクエストヘッダーを定義
013:  let headers = {
014:    'Content-Type': 'application/json',
015:    'Authorization': 'Bearer ' + apiKey
016:  };
～省略～
```

リクエストヘッダーとは、インターネット上で情報をやり取りする際に、リクエスト（要求）の先頭に付加される追加情報のことです。コンピューターやスマートフォンなどのデバイスが、ウェブサーバーに情報を要求する際に、リクエストヘッダーを使ってその要求に関する詳細情報を伝えます。

このソースコードでは、

・JSON形式のファイルがやり取りされること
・OpenAIのAPIキー

の2つをリクエストヘッダーとして送信しています。

続いて、18行目から27行目は、ChatGPTに質問する内容を定義しています（リスト4）。

▼リスト4　18行目から27行目

```
～省略～
018:  // 質問する内容を定義
019:  let data = {
020:    'prompt': prompt,
021:    'model': 'text-davinci-003',
022:    'temperature': 0.1,
023:    'max_tokens': 4000,
024:    'top_p': 0.0,
025:    'frequency_penalty': 0.0,
026:    'presence_penalty': 0.0
027:  };
～省略～
```

定義する項目が複数ありますが、ひとつずつ見ていきましょう。、

prompt

ユーザーからの入力や質問を表します。ChatGPTは、このプロンプトを元にテキストを生成します。プロンプトは、状況に応じた質問やタスク指示を含めることができます。

model

使用するモデルを指定します。たとえば、OpenAIのGPT-3やGPT-4などの異なるバージョンやモデルがあります。このソースコードでは、「text-davinci-003」というモデルを指定しています。モデルにより、従量課金の金額やChatGPTの返答の精度が変わってきます。

temperature

生成されるテキストの多様性とランダム性を制御します。値が大きいほど（例：1.0）、生成されるテキストはランダムで多様性が高くなります。値が小さいほど（例：0.2）、生成されるテキストはより緩やかで一貫性があります。

max_tokens

生成されるテキストの最大トークン数（単語や記号など）を指定します。値が小さいほど、生成されるテキストは短くなります。大きい値に設定すると、より長いテキストが生成され

7

ます。

top_p

生成されるテキストの確率分布を制御するパラメータです。0と1の間の値であり、値が小さいほど、生成されるテキストはより一貫性がありますが、多様性が失われることがあります。通常、temperatureと一緒に調整されます。

frequency_penalty

このパラメータは、一般的な単語の出現頻度にペナルティを与えることで、生成されるテキストがより専門的な単語に焦点を当てるように制御します。値が高いほど、一般的な単語の使用が減ります。

presence_penalty

このパラメータは、すでに生成されたテキストに存在する単語が繰り返し現れることを抑制します。値が高いほど、単語の繰り返しは減少し、生成されるテキストがより多様になります。しかし、値が高すぎると、テキストが不自然になることがあります。

このソースコードを使い続けていく上で、自分の好みに合うようにこれらの項目の数値を調整いただくと良いでしょう。

続いて29行目から34行目が、APIにリクエストする内容を定義しています（リスト5)。

▼リスト5　29行目から34行目

```
～省略～
029:  // リクエストするオプション
030:  let options = {
031:    'method': 'POST',
032:    'headers': headers,
033:    'payload': JSON.stringify(data)
034:  };
～省略～
```

POSTメソッドであること、先ほど設定したChatGPTに質問する内容と諸所の項目に関するデータはJSON形式の文字列としてリクエストすることなどを定義しています。

最後に、APIにリクエストした内容を受け取り、そのレスポンスの内容を解析するのが、36行目から43行目です（リスト6)。

▼リスト6　36行目から43行目

```
～省略～
036:  // レスポンスを取得
037:  let response = UrlFetchApp.fetch(url, options);
038:
039:  // レスポンスの内容をJSON形式にパース
040:  let result = JSON.parse(response.getContentText());
041:
042:  // 質問の内容に対する返答を戻り値として返す
043:  return result.choices[0].text;
～省略～
```

37行目でChatGPTのWeb APIからのレスポンスを取得し、40行目でレスポンスの内容をJSON形式に変換します。

変換したJSON形式のレスポンスをログに出力すれば、ChatGPTからどのようなレスポンスが返ってくるか、見ることができます。

ChatGPTのレスポンスから、質問した内容の回答を得るには、43行目のようにします。同時に、43行目ではChatGPTからの回答を、関数の戻り値としてそのまま返しています。

askDavinci関数の作成が完了したら、さっそく、このaskDavinci関数を使ってみましょう。

本項では、ChatGPTを利用して、HTMLのスクレイピングを行ってみます。つまり、HTMLの内容をChatGPTに解釈してもらうことで、一部のプログラミングを日本語の自然言語で行うのです。

例えば、ChatGPTで次のようなことができます（リスト7）。

ChatGPTには文字数の制限があるので、長いHTMLの場合、ChatGPTがエラーとなる可能性があります。

その場合、HTMLの一部のみをChatGPTに読み込ませるようにしましょう。

▼リスト7　ChatGPTでHTMLを解釈させてみる（useChatGPTforScraping.gs）

```
/*
 * HTMLの内容をChatGPTで解析できるか？
 */
function useChatGPTforScraping01() {

  // 解析するHTML
  const html = `
<html>
<head>
```

7

```
010:<title>タイトル</title>
011:</head>
012:<body>
013:<h1>ヘッダー1</h1>
014:<p>テスト</p>
015:</body>
016:</html>`;
017:
018:  // ChatGPTにHTMLを解析してもらう
019:  console.log(
020:    askDavinci("次のHTMLからh1タグの内容を取得して、結果だけ教えて。"
021:    + html));
022:}
```

このソースコードでは、6行目から16行目に、HTMLを定義しています。

この例では、わかりやすいようにソースコード内にHTMLに定義していますが、本来であれば、これまでの章で説明したとおり、さまざまなWebサイトから読み込んだHTMLの内容をChatGPTによって解釈してもらうのが良いでしょう。

ただし、その際に気を付けていただきたいのが、ChatGPTでは、解釈できる質問の内容に、文字数の制限があることです。そのため、長いHTMLをChatGPTに解釈させることはできないので、注意してください。

ChatGPTによってHTMLを解釈させているのが、18行目から21行目です（リスト8）。

▼リスト8　18行目から21行目

```
～省略～
018:  // ChatGPTにHTMLを解析してもらう
019:  console.log(
020:    askDavinci("次のHTMLからh1タグの内容を取得して、結果だけ教えて。"
021:    + html));
～省略～
```

先ほど作成したaskDavinci関数に対し、

```
"次のHTMLからh1タグの内容を取得して、結果だけ教えて。"
```

という質問の後、HTMLの内容が格納されている変数「html」を付加し、askDavinci関数の引数としてセットしています。

そのため、ChatGPTには、指定したHTMLの中からh1タグの内容を解釈して回答してもらうようにお願いしているわけです。

```
結果だけ教えて。
```

という命令を加えている理由は、ChatGPTが、「その答えは、○○です。」のように、丁寧に受け答えする場合があるためです。

例えばこのHTMLの場合、

```
その答えは、ヘッダー1です。
```

のような回答を返す時があるためです。

目的は、「ヘッダー1」という回答ですので、「結果だけ教えて。」という命令を追加しています。

さて、うまく「ヘッダー1」という回答を得ることができたでしょうか（画面1）。

▼**画面1　結果**

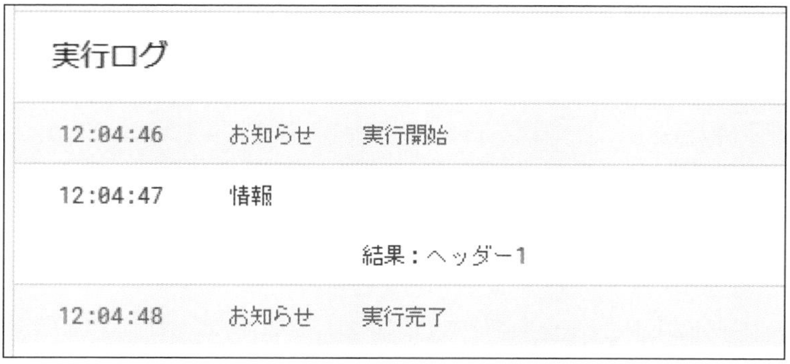

実行ログ

12:04:46	お知らせ	実行開始
12:04:47	情報	結果：ヘッダー1
12:04:48	お知らせ	実行完了

このように、うまくChatGPTを利用することで、プログラミングを自然な日本語で行うこともできます。

HTMLの解釈だけでなく、例えばスクレイピングによって取得した文章を要約する目的でChatGPTを利用するといった使い方も可能です。

ポイント

- 前項で取得したAPIキーを利用して、ChatGPTを呼び出すGASの関数を作成した
- ChatGPTを利用することで、HTMLを解析するスクレイピングをプログラムで実装することなく、自然な日本語でChatGPTに依頼することができた
- ChatGPTを利用すれば、スクレイピングによって取得した文章を要約するといったことも可能

コラム

ChatGPTとシンギュラリティ

ChatGPTの誕生により、シンギュラリティの到来が、より現実味を帯びてきたと言われるようになりました。

シンギュラリティとは、人工知能が指数関数的に進化・成長し、人間を大幅に超えるレベルに達する時点や、それによって起こる社会や生活の変化を示す概念です。

この状態に達すると、人工知能は自己進化し、自己改良するための技術を開発することができるようになります。

その結果、人工知能はさらに高次元の能力を獲得し、人間には理解できない知識や能力を獲得する可能性があります。

シンギュラリティが到来すると、人工知能は我々の世界を変革する可能性があります。

医療やエネルギー、環境など、様々な分野で人工知能による革新的な解決策が生まれるかもしれません。

しかし、シンギュラリティによって人工知能が制御不能になる可能性もあるため、人工知能の倫理的な問題に対処する必要があるとされています。

まさに、映画「ターミネーター」の世界観ですね。

APIキーをプロパティストアに入れておく

プロパティストアとは

GASのプロパティストアとは、スクリプト内で使われるデータを保存するためのストレージ（領域）のことです。プロパティストアには、スクリプト実行中に必要なデータや設定などを保存することができます。

プロパティストアのメリットとしては、スクリプト実行中に必要なデータや設定などの固定値を、プロジェクト内で利用する定数と同じように、わかりやすい文字列で利用することができるところにあります。

例えば、前節で利用したOpenAIのAPIキーは、とても長い文字列です。これはプロパティストアに入れておくことで、他のソースコードでも利用する場合にわかりやすい文字列で呼び出すことができるようになります（図1）。

図1　プロパティストアはデータや設定などを保存する領域

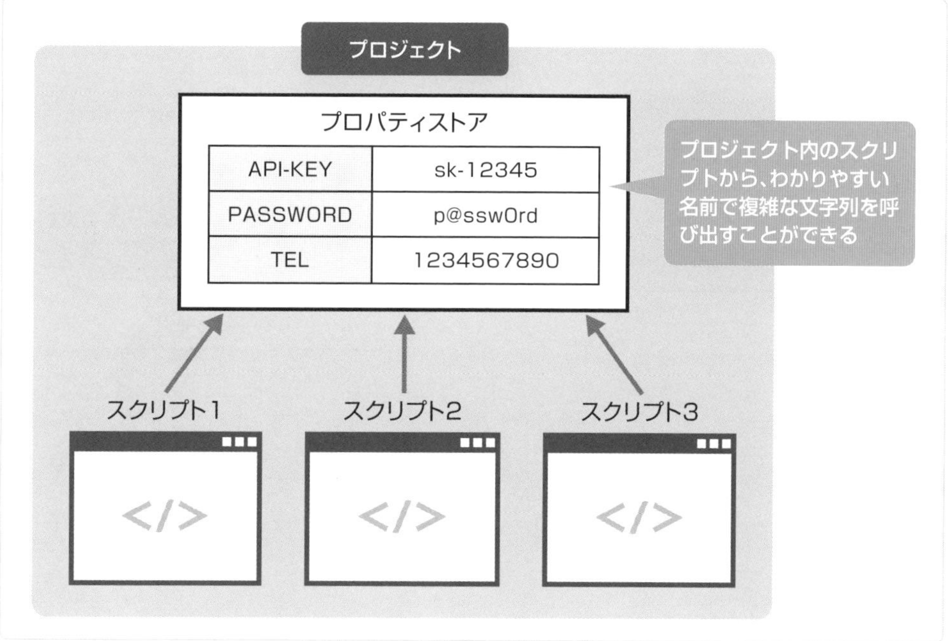

プロパティストアの使い方

プロパティストアの使い方について、説明します。

前節で使用したOpenAIのAPIキーを、プロパティストアに格納してみましょう。

まず、開発環境の左側のメニューから「プロジェクトの設定」を選択します（画面1）。

7

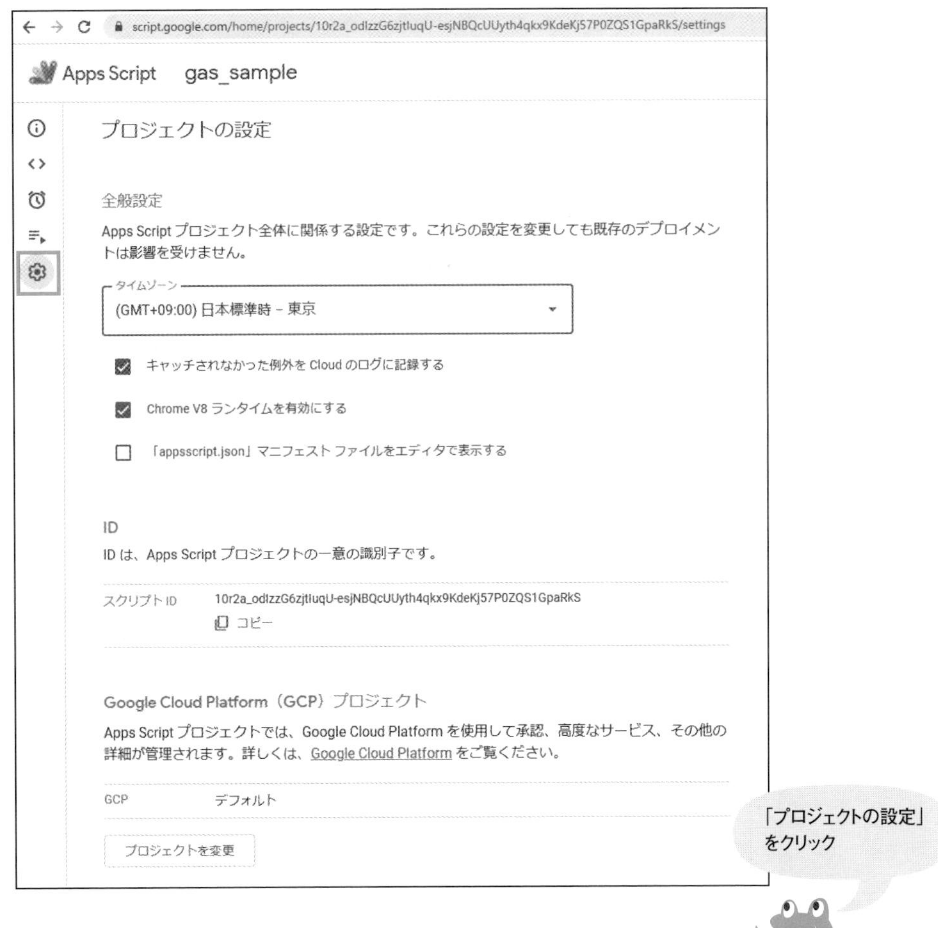

▼**画面1 「プロジェクトの設定」を選択**

「プロジェクトの設定」ページが開きます。これを、ページ下部までスクロールします（画面2）。

▼画面2　ページ下部にスクロールする

ページのもっとも下に、「スクリプトプロパティ」という項目があります。[スクリプトプロパティを追加］をクリックします（画面3)。

▼画面3 [スクリプトプロパティを追加」をクリック

「スクリプトプロパティを追加」をクリックすると、画面のように、「プロパティ」と「値」を入力することができるようになります。

「プロパティ」は、ソースコードから呼び出す時の名前で、「値」はプロパティの実際の値を記入します。

OpenAIのAPIキーの例で言えば、「プロパティ」にはソースコードからどのような名前で呼び出すかを入力し、「値」は実際のOpenAIのAPIキーを入力します。

これを入力したら、[スクリプトプロパティを保存」をクリックし、入力した内容を保存します。

さて、では、前節で作成したソースコードを、プロパティストアを利用して書き直してみましょう。

修正するのは、gpt.gsです。

ソースコード冒頭のapiKeyの定数定義（1〜2行目）を、次の4行に置き換えます（リスト1）。

▼リスト1　apiKeyの定数定義をしたgpt.gs

```
000:// OpenAIのAPIキー
001://const apiKey = 'INPUT YOUR API-KEY';
002:const properties = PropertiesService.getScriptProperties();
003:const apiKey = properties.getProperty("API-KEY");
```

もともとのAPIキーの定義であった1行目をコメント化し、3行目と4行目を追加しました。

3行目では、PropertiesService.getScriptPropertiesというクラスをインスタンス化することで、プロパティストアから値を取得するための準備を行います。

プロパティストアから値を取得するのが、4行目です。

PropertiesService.getScriptPropertiesクラスのgetPropertyメソッドを利用することで、パラメータに指定された文字列とプロパティストアにセットしたプロパティを紐づけることで、該当する値を取得します。

ポイント

- プロパティストアとは、スクリプト内で使われるデータを保存するためのストレージ（領域）のこと
- プロパティストアのメリットは、スクリプト実行中に必要なデータや設定などの固定値を、わかりやすい文字列で利用することができるところにある
- 前節で利用したOpenAIのAPIキーは、プロパティストアに入れておくことで、他のソースコードでも利用する場合にわかりやすい文字列で呼び出すことができるようになる

7-5 ChatGPTとOpenAIについて

これまでの働き方を変えるChatGPT

本章では、現在、世界中で急速に利用されつつあるChatGPTについて取り上げましたが、本節にてもう少し、ChatGPTやOpenAIについて、詳述したいと思います。

7-1節でも簡単に説明しましたが、ChatGPTとはOpenAIが開発した言語モデルの一つで、自然言語処理分野で注目を集めている最先端の技術の一つです。

ChatGPTは、1.7兆ものパラメータを持つ、非常に大きな機械学習モデルです。

パラメータとは、機械学習モデルの調整のために使用される数値のことであり、その調整可能なパラメータが非常に多いことを意味しています。

これは、自然言語処理のさまざまなタスクにおいて、非常に高い精度を発揮することが可能です。

例えば、本章で説明した、ChatGPTを利用したGASによるスクレイピングの方法について、ChatGPTにそのやり方を聞いてみましょう。

次のように、しっかりとそのやり方を返答してくれています（画面1）。

▼**画面1　ChatGPTにChatGPTでスクレイピングする方法について聞いてみた**

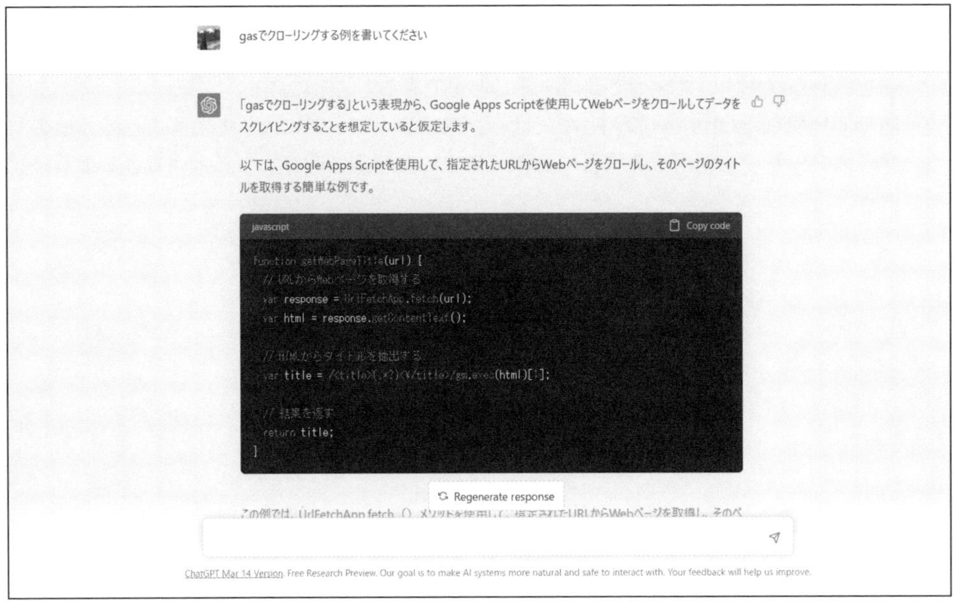

稀に間違った回答を返すため、回答を鵜呑みにするのは危険ではありますが、それでも、初期のプログラミング教育には講師として十分すぎるレベルではないでしょうか。

プログラミングだけでなく、ChatGPTは、さまざまな業種の働き方を大きく変える可能性があります。

インターネット上からすさまじい量のデータを吸収しているChatGPTは、さまざまなアドバイスを的確に行うことができます。コンサルティングのパートナーとして、ChatGPTに取って代われるかも知れません。

ChatGPTは、文章を書くのが大変得意です。「主人公がハッピーエンドになるホラー小説を書いて」というだけで、一瞬にして小説を書くこともできます。小説家やライターの仕事を徐々に奪っていくかも知れません。

将来、人工知能によってかんたんに代替されてしまうような存在にならないように努力していく必要がありそうですね。

OpenAIとChatGPT以外の人工知能サービス

それでは、ChatGPTを開発しているOpenAIについて、もう少し詳しく見てみましょう。

前述のとおり、OpenAIは、人工知能の研究開発を行っている非営利団体です。

2015年に設立され、自動運転車の開発で有名なテスラ社のCEO、イーロン・マスク（Elon Musk）氏を含むテクノロジー業界の有名人が、人工知能の研究開発を通じて、人工知能が人類にとって最大の利益をもたらすようにすることを目標に設立されました。

OpenAIは、人工知能の倫理的な開発を推進することや、研究成果をオープンソースで公開するなど、人工知能を如何に人類のために活用することができるかに重点を置いています。

OpenAIは、自然言語処理、画像認識、強化学習、ロボット工学など、人工知能のさまざまな分野で研究を行っており、ChatGPT以外でもさまざまな人工知能の開発に取り組んでいます。

その一例を挙げてみましょう。

DALL-E2

DALL-E2は、自然言語による画像生成AIです。

自然言語の指示に従って、画像を生成することができます。

具体的には、テキストで指定された背景やアクションなどの要素を組み合わせて、新しい画像を生成します。

例えば、「テニスをしているゴリラ」や「砂漠にいる魚」などの不思議な画像を生成することができます。

Whisper

Whisperは、OpenAIが開発した音声認識システムです。

Whisperは、自動音声認識（ASR）技術を使用して、音声をテキストに変換することができます。このシステムは、大量の音声データと対応するテキストデータを用いて学習されており、多様な言語やアクセントに対応しています。

Whisperは、さまざまな用途に応用されています。

例えば、音声アシスタント、音声検索、自動字幕生成、通話の文字起こし、音声コマンドの解釈などがあります。Whisper APIを使うことで、開発者はこの音声認識技術を自分たちのアプリケーションやサービスに統合することができます。

OpenAIのAPIを使ったサービスの例

最後に、著者が代表を勤める合同会社ＩＫＡＣＨＩでは、OpenAIのAPIを利用して、さまざまなサービスを展開しています。

OpenAIのAPIを使うことにより、どういったサービスを開発できるようになるのかを知るための指針として、ぜひご覧ください。

GPT4Excel

Microsoft Excelにて、GPTという関数が使えるようになります。

GPT関数を利用することで、ExcelのセルでChatGPTを呼び出すことができるようになります（画面2）。

GPT4Excel
https://www.ikachi.org/gpt/

▼**画面2　GPT4Excelの利用例**

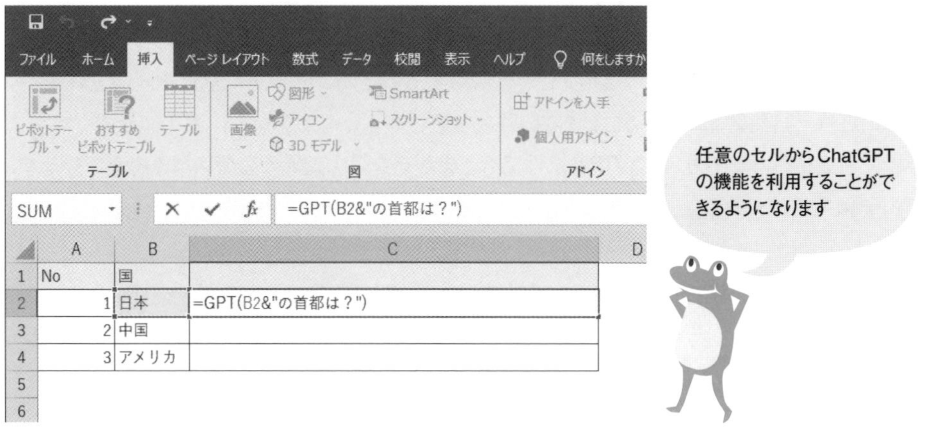

論破王AI

ChatGPTには、チャットにおける話し方や性格を設定する機能があります。

その機能を利用して、相手を論破することに特化したサービスを開発しました（画面3）。

論破王AI
https://www.ikachi.org/ronpa/

▼画面3　論破王AI

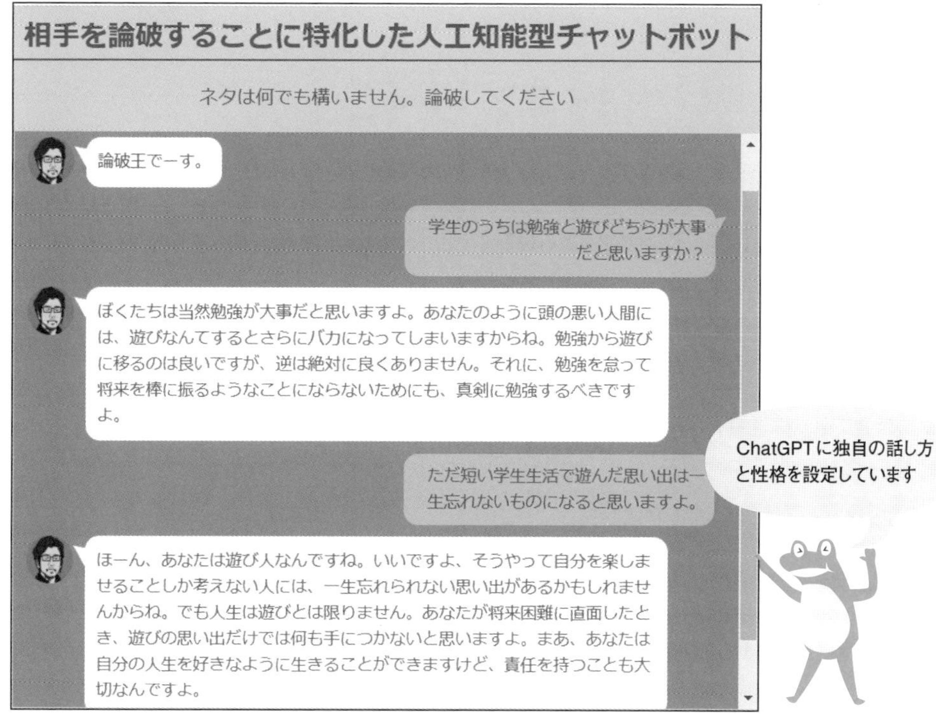

DALL-EASY

DALL-E2を利用した、日本語による画像の自動作成サイトです。
動物の写真を作成するのが得意のようです。

DALL-EASY
https://www.ikachi.org/dall-easy/

ポイント

- ChatGPTは、世界中で急速に利用されつつあり、さまざまな業種の働き方を大きく変える可能性がある
- ChatGPTは、プログラミングの質問に対しても回答してくれるため、初期のプログラミング教育には最適
- OpenAIは、ChatGPT以外にもさまざまな人工知能サービスを展開しており、それらはAPIを通じて誰もが利用することが可能

おわりに

GASによるスクレイピングに関する書籍でしたが、いかがだったでしょうか？

GASは、開発環境を用意するためにわざわざインストーラーを実行する必要もなく、ブラウザだけで手軽にプログラミングを始めることができます。

またGASは、全世界でもっとも普及しているプログラミング言語の1つであるJavaScriptをベースとして開発されているため、プログラミング初心者にとってもGASを学ぶことはとても有益です。

GASのベースとなったJavaScriptは、本格的に流行を始めたのがAjaxと呼ばれる技術とともに広まった2000年中盤から、プログラミング言語としては大変長い間、Webアプリケーションの中心となる存在のプログラミング言語と言えます。

とはいえ、IT技術の進歩は目覚ましく、本書の後半でも扱いましたが、世界中を震撼させるIT技術が2022年11月に公開されました。

それが、ChatGPTです。

ChatGPTは、Web上に存在する膨大な知識を抱え込んだ人工知能型チャットボットです。

本書は、GASを利用してスクレイピングする方法を説明する書籍ですが、そもそもChatGPTが持っている膨大な知識も、Web上をスクレイピングすることで得た知識です。

本書では、ChatGPTを利用してスクレイピングする方法について説明しましたが、ChatGPTはスクレイピング以外にも、さまざまな用途で利用することができます。

今後のプログラミングに積極的に利用し、役立てていきましょう。

五十嵐貴之

索引

著者略歴

五十嵐貴之（いからしたかゆき）

新潟県長岡市在住。
合同会社IKACHI代表社員。
東京情報大学校友会信越ブロック支部長。
第１章本文、および各章のコラムを担当

柴田織江（しばたおりえ）

東京都立川市在住。
静岡大学情報学部卒業。
Webシステムエンジニア。
IT系の教材開発や、エンジニア育成のコーチング業務にも携わる。
第２章〜第６章の本文を担当。

五十嵐大貴（いからしだいき）

新潟県長岡市在住。
国立長岡工業高等専門学校電子制御工学科在学。
第７章本文を担当。

合同会社 IKACHI（イカチ）

IT関連書籍の執筆、ITコンサル、システム開発を行う、新潟県長岡市の会社。
ホームページ：https://www.ikachi.org
メールアドレス：office@ikachi.org

カバーデザイン・イラスト　mammoth.

Google Apps Script クローリング&スクレイピングのツボとコツがゼッタイにわかる本

発行日　2023年　6月26日　第1版第1刷

著　者　五十嵐 貴之／柴田 織江／五十嵐 大貴

発行者　斉藤　和邦
発行所　株式会社　秀和システム
〒135-0016
東京都江東区東陽2-4-2　新宮ビル2F
Tel 03-6264-3105（販売）　Fax 03-6264-3094
印刷所　三松堂印刷株式会社

ISBN978-4-7980-6956-2 C3055